◆ 青少年做人慧语丛书 ◆

行为座右铭

◎战晓书　选编

吉林人民出版社

图书在版编目(CIP)数据

行为座右铭 / 战晓书编. –– 长春：吉林人民出版
社, 2012.7

(青少年做人慧语丛书)

ISBN 978-7-206-09134-6

Ⅰ.①行… Ⅱ.①战… Ⅲ.①人生哲学 – 青年读物②
人生哲学 – 少年读物 Ⅳ.①B821-49

中国版本图书馆CIP数据核字(2012)第150834号

行为座右铭

XINGWEI ZUOYOUMING

编　　著：战晓书

责任编辑：李　爽　　　　　　　封面设计：七　洱

吉林人民出版社出版 发行(长春市人民大街7548号　邮政编码：130022)

印　　刷：北京市一鑫印务有限公司

开　　本：670mm×950mm　　1/16

印　　张：12　　　　　　字　　数：150千字

标准书号：ISBN 978-7-206-09134-6

版　　次：2012年7月第1版　　　印　　次：2023年6月第3次印刷

定　　价：45.00元

如发现印装质量问题，影响阅读，请与出版社联系调换。

目　录

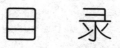

CONTENTS

"信　心"

你如果连自己都不相信，还能相信什么呢？

然而相信自己很难。

或者说，自信心是一种很大的力量。

自信是预先在心里塑造一个新我，然后观察新我的成长。

而新我的每一点点成长，又会反过来生成自信。

自信当然不是傲慢无礼。

在这个世界上，只有傻瓜才傲慢无礼。在任何富有成就感的事物当中，你都看不到傲慢无礼。麦子傲慢吗？河流与村庄傲慢吗？不。在一些优秀的人当中，你看不到傲慢，孔子、林肯、爱因斯坦都由于谦逊而可爱。

自信仅仅是相信自己。

相信自己是相信人的力量，包括相信自己具备人类应有的所有优点。

自信还是相信美德的力量。

最后，我还要说，"信心"这个词里面藏有禅机，信心就是相信自己的心。

　　如果你相信自己的心，一切都会安稳下来。剩下的，是做该做的事。

　　如此说，人的一生其实很简单。

（鲍尔吉·原野）

做人的底线

　　这个题目来自谢泳先生。他在自己的两三篇文章中都提到做人的底线，这引起了我对这句话的深思：什么是做人的底线，它对一个人究竟意味着什么？一个人怎样才能守住自己做人的底线？

　　从这些文字中我们不难明白，一个人并非可以把一切都推给时代、推给社会；有些责任，是必须由个人来承担的。作为一个人，应该有一个基本的做人的准则，人对于自己的言行，应该有一个底线，这个底线是需要每个人自己坚守的，越过了这条线，一个人便很难再称作一个纯粹的人了。

　　我个人的理解是，在任何情况下，一个人都不能侮辱他人、欺凌他人；以任何借口，一个人都不能以暴力侵害他人，更不能肆意残害他人的性命。这是做人在行为方面的一个底线。在言论上，人同样有一条不可逾越的线，即：不可以无中生有造谣诽谤，不可以诬陷栽赃血口喷人，这是做人在言论上的一条基线，也是底线。一个人，如果在言行上越过了这样一些线，他即使还算人，也已是个残损的人了。

　　当然，人是生活在社会之中的，社会又是十分复杂、有时甚至是很凶险的。为了避难，一个人难免要说些谎；为了活命，一个人很有可能去诬陷他人。在这时，置人于死地的事是万万不能做的，这是在非常情况下做人的一道底线，越过了这条线，一个人就不配被称作人了。

　　至于说一个人怎样才能守住做人的底线，看来我要交白卷了。人生险恶，我连自己也说不准，是否能守住这条线，我只有一个大概的猜测：吃人奶长大的人，或可守住这条做人的底线；吃狼奶长大的人，要守住这条线，恐怕要好好经历一番灵魂的生死搏斗、须有做超人的坚毅方可吧。

（连晨）

精　神

你是一种物质，一种比钢铁还要坚硬的物质，稳如中流砥柱的磐石。

你是无形资产，一种比金钱贵重得多的无价之宝，能医治软骨病的良药。

国家离不开你，民族离不开你，伟人离不开你，平民百姓也离不开你。

国家没有你，就会走向没落；民族没有你，就不可能振兴；伟人没有你，就会矮人一头：百姓没有你，就不会富裕安康。

你是珠宝中的宝气，是钢炉前的烈焰，是刺刀上的寒光，是国歌中的音符。

正是由于你的支撑，膝盖决不随意弯曲，头颅决不随便低下。

正是由于你的存在，泰山压顶才不会弯腰，威逼利诱才不会变节。

正是由于你的感召，遇到困难时才有所依存，身处绝境时才有所寄托。

我们可以失掉舒适的生活，也可以放弃高官厚禄、荣华富贵甚至宝贵的生命，却不能失去你。

人是要有一点精神的，人有精神百事可为，即使有病，情绪也不会低落，脸上也没有菜色；即使穷困潦倒，走路也挺胸抬头，步伐也铿锵有力；即使离目标尚远，也不会半途而废，失掉应有的自信。人有精神气质过人，别人不会轻看你；即使个头不高，别人也会把你当成某个领域里的巨人；即使你拾垃圾、扫马路，也会赢得应有的尊重；即使你不幸摔倒；只要你一次次倒下又能一次次奋起，也会得到那发自内心的掌声。

你是前进的鼓点，是冲锋的号角，是接力着的奥运圣火，是高扬在我们头顶上的旗帜。

时代需要你，社会需要你，文明需要你，家庭也需要你。

时代没有你，就会落伍掉队；社会没有你，就不会健康发展；文明没有你，就会没落消沉；家庭没有你，就不会和睦融洽。

有了你，我们胸怀坦荡，浩气满腔，精明强干，理直气壮。

有了你，我们热血沸腾，青春洋溢，从容不迫，生龙活虎。

只要有你存在，我们就不会涉履跟跄乱了方寸，因为你比钢铁坚硬、比钙片管用。

（黄开林）

淡泊处世

什么是淡泊？《辞海》上说：淡泊是恬淡寡欲。保持一种宁静自然的心态，不追逐虚妄之事，修养品性，与大自然同步，这就是淡泊的真正含义。

有的人在激烈的竞争中败下阵来，无心奋起，于是自我标榜"淡泊"，这是误解，淡泊不是消极；有的人在感情游戏中受到挫折，心灰意冷，于是声言心如古井，再不掀波，从此"淡泊"，这同样是误解，冷漠不等于淡泊。雄心万丈，壮志难酬，于是谈论淡泊，这是颓废者的自暴自弃；无才无德，碌碌无为，却号称淡泊，这是低能儿的自我安慰。

诸葛亮《诫子书》中说："非淡泊无以明志，非宁静无以致远。"我想，诸葛亮的意思是对一些小的功利性目的淡泊了，才能立大志；在平静中仔细思索权衡了，才能确定长远目标。由此他才写出催人泪下的《出师表》，才会不顾自己年迈体弱而七擒孟获、六出祁山，最后魂归五丈原。"鞠躬尽瘁，死而后已"，就是他的真实写照。

人生在世，不可能指望一生都显出露水，所以不必因为自己平淡无奇而自怨自艾，但也不能因为自己人微言轻而停止追求、碌碌无为。哪一天你能把打击、失意和挫折当成是"塞翁失马"，那时你就做到了真正意义上的淡泊。此后，不论再遇到什么样的失意和挫折，都要保持豁达乐观、坦荡平和的淡泊心境。记住孙中山先生所说的话："人生不如意事十之八九，顺心事百之一二。"这样，不论顺境逆境，都能泰然处之，始终如一，沉着乐观地生活和奋斗。

淡泊是一种心态，也是一种品格。淡泊追求的是人生的最高境界，有所求而亦无所求，耐得繁华又耐得寂寞，所以顺利时不怡然自得，逆境时不妄自菲薄，视坎坷如坦途，视波折为必然。宠辱不惊，悉由自然，在努力中体验欢乐，在淡泊中充实自我。我想，这才是淡泊的境界，这才是真正的淡泊处世。

（颜逸卿）

让心中时时充盈着爱意

那天，到一所很闭塞、很落后的山村小学采访，我在钦佩那位四十出头的学校唯一的女教师所取得的感人的业绩之余，更惊讶的是——繁重得令人难以想象的超负荷的工作，连医生都束手无策的顽疾，再加上接二连三的家庭变故，都没有褶皱她的肌肤，没有给她留下点滴憔悴的影子，她那红润的、泛着青春光泽的容颜，简直与我们常在电视上看到的广告画面，没有什么区别。

我不由得脱口问道："你有驻颜秘方吧？"她莞尔一笑："有啊，就是让心中时时充盈着爱意。""让心中时时充盈着爱意"，我轻轻地重复了一遍，不由得怦然心动：心存爱意，原来正是我们苦苦寻觅的挽留青春的秘诀啊。

记得在一个落雪的冬日，我在一个末等的小站候车。天黑下来了，因火车误点，本来就稀少的几个等车的人，也陆陆续续地走开了。我百无聊赖地将一本杂志翻烂了，看看表，离车进站还有两个多小时，便以书覆面，在座椅上打起瞌睡来。

迷迷糊糊中，我的腿被一根木棍碰了一下。睁开惺忪的眼睛，发现一个衣着破旧的挂着双拐的男人站在面前。我以为碰上了一个不识趣的乞讨者，正要发火，忽见他"阿阿阿"地打着哑语，用手指指我，又指指候车室墙壁上的石英钟。然后，如释重负地带着微笑走了。

哦，火车快要进站了。我恍然明白了，原来他是在用那种方式来提醒我，别误了车次。顿时，我的心头涌过一阵暖流，朝他感激地点点头，深情的目光追了他好远好远。

漫长的旅途中，我的眼前一再浮现那个陌生的残疾人身影，浮现那温暖的眼神。一时间，胸中温馨袅袅，不绝如缕，不由得拍额庆幸，无意间便遇到了一颗虽身遭不幸、却满腔爱意丝毫未泯的金子般的心灵……

其实，我们每个人都会有这样的感觉——当心存爱意的时候，陌生的会变得亲切，艰难的会变得容易，平淡的会变得神奇，琐屑的也会变得可爱起来……

前天在杂志上看到的一位多病的母亲背着自幼患病、从未站起来的儿子求学的故事，当采访她的记者感慨地说她受苦了时，这位母亲却十分自豪地回答道："儿子能上学，哪里还有苦啊！"

我相信这位母亲说的是真话，因为被爱意充盈的心灵，永远是快乐的。同样，充盈着爱意的生活，是幸福的、温馨的；充盈着爱意的人生，是年轻的、向上的……

让心灵时时充盈着爱意，这是你我都应当记住的箴言啊。

(阿健)

真诚无敌

有两个小故事看过之后久久不能忘怀，我感动于真诚的力量——它不但能够保护自己，还能拯救他人。

某校自行车停放点，隔不多久就会失窃一辆，却一直查不到作案者。一天黄昏，女生阿紫有急事外出。她到车房取车时，远远看见自行车倒了一大片，一个男生正手忙脚乱地，一辆一辆地扶起，额头尽是汗。阿紫走近时，刚巧男生扶起她那辆新车。阿紫给了他一个很美的微笑，并柔声道了一句：谢谢你！男生愣愣的，脸涨得通红。阿紫怎么也不会想到，那个男生就是盗车贼，而那天他的目标，便是她那辆新车。男生本已顺利得手，孰料慌乱中碰倒了后面的车。一个美的微笑和一句温柔的致谢，改变了一个人的一生。那个男生后来成为一个积极向上乐于助人的人，得到了大家的喜爱。不仅如此，男生和阿紫还成了很亲密的朋友，他常骑着阿紫的新车吹着快乐的口哨，送阿紫回家。

一个抢劫犯刑满释放，却仍游手好闲。数月之后，迫于生计，他又萌发了恶念。为保险起见，他选择了一位寡居的老太下手。老太年届七旬，视力不好，劫匪敲开门时，她以为是前来修理管道的水暖工。老太热情地将他迎入，还给他泡了上好的茶。劫匪纳闷极了，不过他还是耐着性子，甩开膀子给老太修理管道。因为是暑天，他又从未干过此类活计，故而累得满头大汗。老太则在一旁忙不迭地为他擦汗、打扇、递茶。费了好大劲儿，劫匪终于把水管修好了。当接过工钱，又被老太热情送出后，劫匪站在大街上，发了半天愣，恍若梦中。他第一次体会到劳动的快乐，也第一次品尝到了被人尊重的滋味。此后，他决心不再重蹈覆辙，而是苦苦经营了一个家政公司。由于服务周到，公司日益红火，日益壮大。当然，老太的家务他全包了，而且终生免费。昔日的劫犯今天的公司经理，还视老太如生母，经常去问候和看望她。

　　生活中，有时一句真诚的话语，可能会在无意之间保护自己，改变他人；处世时，有时一番真诚的举动，可能会在不知不觉中升华善良，拯救罪恶。

（段代洪）

重要的是心不能假

　　有一个富商娶了一个美貌的女子，两个人的感情很是融洽。每年妻子生日那天，富商都要当着众宾的面儿送给她一挂美丽的项链，并亲手为她戴在颈项上。

　　一次富商外出进货，船触了礁，人财两亡。富商的妻子悲痛欲绝，变卖了为数不多的一点儿家产，独守空房。

　　十年过去了，二十年过去了，她的容貌渐渐衰老凋残，仅存的一点儿资产也已告罄，几乎到了举步维艰的地步。亲友们念及当年的那些珍玉珠宝，就劝她卖掉，好安度晚年。她经不起他们的恳求，就把珠宝从箱底的一个绸包里拿了出来，一一展现在他们眼前：那是当年富商送给她的一条条项链，珍珠的、翡翠的、玛瑙的……琳琅满目，光彩照人。

　　亲友们围上前，争着说些动听和感人的话。她的表情木木的，不紧不慢地吐出一句："值不多少钱的，它们都是假的。"

　　"我不会骗你们的。"她轻轻地挥了一下手淡淡地又道，声音低沉得像从远古传来，"当初他曾想给我买那些价值昂贵的首饰，我拒绝了，因为我觉得，东西的真假并不重要，重要的是他心里是否有我，他是否爱我。当他把这一串串项链戴在我的脖子上时，我觉得自己就是世界上最幸福的人了。你们也许不知道，这些年来，我没有一天不打开这个红色绸包细细地端详，慢慢地回味。守着它们，我觉得自己是那么富有，就像他仍在我眼前，陪伴着我。我一点儿也不寂寞，过得很好。"

屋里静静的，谁也没有再说话。走出屋的时候，谁心里都明白：即使这些项链真的价值连城，她也不会卖掉，那是她的所有，那是她真爱的全部，那是她生命的最后守望。

（魏风）

守信承诺，是你一生的座右铭

　　王安是一家私营公司的老板，那年他向友人借了40万元，没有财产担保，也没有存单抵押，有的只是一句话："相信我，年底无论如何还清。"到了年底，公司的资金周转非常困难，为了还清这笔钱，他绞尽脑汁才筹足了20万，余下的20万怎么也筹不到。妻子劝他向朋友求情，宽限两个月，王安摇摇头。公司的高参给他出主意说，反正你朋友也不急着用钱，不如先还他20万现金，其余的开一张空头支票，等账户上有了钱再支付。王安勃然大怒，呵斥这个高参是没有信用的人，并毫不犹豫地辞退了这个老搭档。最后，王安横下一条心，把自己家的房产以20万元低价卖出，筹齐了40万。朋友如期收回了借款，一次，他准备到王安家去玩玩，却被王安委婉地拒绝了。朋友不明白平日好客豪爽的王安为何变得如此"无情"，便独自一人驱车前去探个究竟。当他费尽周折在一间农舍里找到王安的"家"时，一切都明白了。

　　新的一年开始了，王安的公司陆续收回了欠款。正当他在商界运筹帷幄、施展拳脚时，却被一家跨国公司骗取了货款；他又陷入了负债累累的境地。王安想重整旗鼓，但苦于巧妇难为无米之炊。走投无路之际，他又想起了那位朋友。朋友没有嫌弃失魂落魄的他，不顾家人的反对，毅然再借给他40万。王安有些颤抖地拿着支票，咬咬牙，坚定地说："最多两年我一定还给你！"曾经溺过水的王安再到商海里搏击，更是小心谨慎，苦心经营。两年后，他成功了，不仅还清了债务，而且还赚了一大笔钱。每每有人问起他起死回生的诀窍时，他便会郑重地说："是信用！"

诚实守信，作为一种传统美德，深深地镌刻在中华民族五千年的文明史上。战国时商鞅变法，为取信于民，移一木而酬五十金，奠定了秦横扫六国、一统天下的基础。春秋时尾生约友人桥下相会，河水涨面友未至，尾生宁遭河水没顶之灾而不负一诺之约。"一诺千金""一言九鼎""一言既出，驷马难追"，这些反映古人重诺言、重信用胜于一切的名言，流传千古，至今依然是我们为人处世的座右铭。信守诺言，是人际交往的准则，是有序社会的支撑。人人言而有信，生活才会诚挚和谐，人与人之间才能和睦相处。心理学家曾做过一次调查，在"你愿意和什么样的人交朋友"这一征询题中，分别提出"聪明绝顶的人""诚实守信的人""有福同享、有难同当的人""讲义气重感情的人""投你所好的人"五个答案，结果65%的被调查者都表示愿意同"诚实守信的人"交往。原因很简单，因为人与人之间若想不满足于礼节性来往的话，那么进一层的便是心灵的沟通和感情的融洽。诚实守信的人，能给对方带来安全可靠感，能加深交往中沟通和融洽的程度，假如整个社会都弥漫着伪善和诡谲，人人都说大话不着边际，玩花招不动声色，我留你一手，你防我一脚，谁也不相信谁，那将会形成一个怎样恶劣的生存环境？！

在市场经济的社会里，信用不仅是一种美德，而且就同一个人的学历、资格一样，还是一种自身的资源。讲信用的人，容易找到合作的伙伴，赢得客户的信任，得到别人的资助；反之，则寸步难行，处处碰壁。大连富士电线公司是一家承担电子线圈、漆包线的加工制造企业，远在马来西亚的一家企业，是公司的一家客户。一次，因为种种原因，公司拖延了货物发送时间，眼看就要延误交货期了。为了信守合同，公司决定采用空运送货。当从大连起飞的飞机徐徐降落在马来西亚机场时，客户因及时得到了供货而欣喜万分，而公司却赔上了一大笔钱。不过，由此公司赢得了良好的信誉，业务量不断上升。到1997年，员工由起家时的50人增加到1200余人，工厂也由原来一间租借的车间发展到占地几万平方米的规模，月生产线圈的能力达400万个，并获得了辽宁省"双优"外商投资企业的殊荣。

在西方一些国家，人们可以自由流动，但却有一个终生的社会安全号码始终伴随着你。通过这个无法伪造的号码，每个人拥有一份资信公司做出并保留的信用报告，任何银行、公司或业务对象都可以付费查询这份报告，一旦你有不良信用，报告将记录在案，无法抹去，它将造成你贷款、生意的极大困难。在美国，一个开过空头支票、假支票或盗用过他人支票的人，就是一个在金融流通中失去信用的人，所有的金融流通渠道都会对你关上大门，你将无权存款，无权购买分期付款的房屋、汽车等。人们宁可失去所有财产也不愿失去信用，因为失去财产还有可能挣回来，而失去信用，等于失去了一切。

请记住这句格言吧：每个人都有一份属于自己的专利——信用。为了营造一个讲信用的社会氛围，我们人人都要信守承诺，说到做到，来不得半点的虚伪和浮夸，"言必信，行必果"永远是我们为人处世的准则。

（徐本仁）

选一条座右铭管自己

　　座右铭通常是自己写给自己看的一种简约文字。它针对性强，充满哲理，且被自己所推崇和信服，对自己做人处世有很强的警示意义。不少成功人士都选择一两条人生格言作为自己的座右铭，或置于案头，或悬于墙上，简短而醒目，看一眼便如警钟长鸣，让人警醒，对自己的言行产生巨大的点化、指导和约束的作用。

　　简言之，座右铭是加强思想修养，优化性格作风的重要手段，对人们大有裨益，对于青年人尤其如此。青年人初涉世事，阅历较浅，有时候容易感情用事，任性而为，难以自控。如果我们选择一两句座右铭，时时提醒自己，就会多一点理性力量进行自我约束，必然有助于他们健康发展，早日成功。

　　从实际情况看，并不是任何话语都可以成为座右铭的。大凡座右铭都包含着积极向上的内容，结合深刻的人生哲理，蕴藏着待人处事的真谛，闪现着理想信念的光华。因此，座右铭句句是妙语珠玑，字字如金玉良言。这样的语句绝不会是唾手可得的，它需要人们在人生旅途中用心去体验，在工作学习中潜心去发现，在不断思索总结中精心去捕捉，才可能开掘出来，为己所用。

经验表明，选择座右铭的方式因人而异，各不相同，但有一些共性方法是可以借鉴的：

一是把他人的忠告作为座右铭。在人生之路上，自己最钦佩的人有时会对自己发出某种忠告，对自己的走向往往产生重大影响，从中受益匪浅，深受启示。于是，把这种至理之言当成座右铭，作为人生信条，将会管自己一辈子。比如，1946年，年轻的吉米·卡特从海军学院毕业后，遇到了当时的海军上将里·科费将军。将军让他随便说几件自认为得意的事情。他得意扬扬地说起自己在海军学院的成绩：在全校820名毕业生中，我名列第58名。科费将军不但没有夸他，反而问道："你为什么不是第一名？你尽自己最大的努力了吗？"卡特惊讶不已，很长时间答不上来。从此，他牢牢地记住了将军这句话，并把它作为座右铭。每当遇到困难，或不努力的时候，他就问自己：你尽最大的努力了吗？在这句座右铭的鞭策下，他尽自己最大的力量努力做好每件事，因而不断取得成功，最后成为美国总统，登上权力的顶峰。他卸任后写了一本回忆录就用了这个名字"你尽最大努力了吗？"。

我们看到，一句话可以改变人的一生。在这里，上司的一句话看似很普通，但却点明了人生成功的真谛，指出了问题的要害处，使他猛醒过来，从此作为座右铭指导自己，管了自己一辈子，而且受益终生。我们再一次看到座右铭的巨大威力。对于青年人来说，当自己尊敬的前辈对自己提出忠告的时候，且不可当成耳旁风，一听了之，应该想一想，自我对照一番，对于合理的就要见诸行动，说不定你会因此而得到一条座右铭呢！

二是从自己的人生经验中提炼座右铭。在人生之路上，人们既有成功的喜悦，也会有失败的痛苦。当我们回首往事的时候，应从刻骨铭心的记忆中，发现并总结出具有某种指导意义的体会和感受。这种浓缩了个人经验教训的语言概括，就可能成为指导自己的处世原则和座右铭。如，1989年鲍威尔出任美国参谋长联席会议主席时，第一天他就把一张卡片压在玻璃板下面，上写着：鲍威尔的座右铭：1.事情并不像你想的那么糟。到新的一天来临时，它会变得好起来；2.有时可以大发雷霆，然后要平静下来；3.不要让你的自我太靠近你的职务，以免失去职务时，也会失去你的自我……

显然，他的座右铭是对自己人生和工作经验的总结和升华，也是他在新的任职岗位上，对自己提出的标准和要求。对于一个权力很高的人来说，借助于这种座右铭进行自我约束是理智的，也是十分必要的。

一般说来，浓缩自己人生经验而形成座右铭，需要一个冷静的思索过程，完成从感性认识到理性认识的飞跃。而经过这一认识过程得出来的原则和信条，往往是被自己的实践所验证过的，是成熟的，因而也是自己深信不疑的，自然会有很强的约束力和指导作用。

三是从名人名言格言警句选择座右铭。人们在读书学习中，常常会发现一些闪光语言，让自己顿开茅塞，豁然开朗；还有一些名人名言、格言警句，蕴藉深厚，耐人寻味，为人们所喜好，甚至情有独钟，爱不释手。不少人从中选择对自己最有益的精辟语句作为座右铭，置于眼前，这同样是十分管用的。

有一位经理在开创事业过程中，为了防止自己滋生惰性和小胜即足的心理，便为自己选择了一条格言："最大的敌人是我们自己"，作为座右铭。每当取得一点成绩的时候，就用它提醒自己，努力超越自己，向更高的目标进发，从而取得了非凡的成就。有一位姑娘性格怯懦，爱生气，当他人冒犯自己时，便关起门来生闷气，心情十分抑郁。后来，她从一本书上看到这样一句话："生气是用别人的错误惩罚自己"；此言正点中自己的问题，又深含寓意，她记下来仔细品其意，受益匪浅，于是当成座右铭指导自己。每当生闷气的时候，就看上一眼，她的心情立即开朗起来，性格也变得活泼了。有位青年个性强，傲气十足，不善处理人际关系，常常与人发生矛盾，别人也和他过不去；这使他十分苦恼。后来，他看到一句格言："你想别人如何待你，你就如何待人"，他深受启发，发现人际关系紧张，根子在自己身上，他把此言当成座右铭，努力从自己做起，说话办事坚持与人为善，热心助人，真诚待人，很快他就成为一个受欢迎的人。有一位青年领导干部上任不久，有一天他在一位老领导家时看到大厅悬挂着一条横幅，上书"人到无求便是德"，看罢很受触动，认识到不当欲望是万恶之源，联想到这位老领导的高尚品格，深悟到这句格言的价值。于是，他也照此办理，在办公室；在家里都悬挂了这样一幅字，以此抑制自己的欲望，管住自己，有效地保持了自己的清廉形象，受到群众的好评。

事实上，名人名言，格言警句都是他人经验的总结，言简意赅，有很强的指导作用，只要我们选准了，拿来为己所用，都能在一定程度上指导和约束自己的言行。

最后，不管是从他人那里借鉴的，还是自己概括出来的座右铭，有两点需要注意：一是必须有的放矢。要会对自己的思想实际和工作需要有针对性地选择座右铭。使之成为自己的心灵严师和场上监督，让它帮助自己驾驭人生方向，纠正为人处世的不足，修复性格的缺陷，根治思想方法工作方法的痼疾。总之，针对性越强，作用就越大。二是座右铭要经常对照，照着去做。座右铭的指导作用并不在形式方面，重在言行一致，管住自己。有些人也写座右铭，但那是给别人看的，并不准备实行。这样的东西就成了摆设，毫无意义。当然，座右铭并不一定非写出来摆在桌子上不可，如果能刻在心上，自我警示，随时随地约束自己，那将能创造出最佳境界。

（高永华）

客观公正地对待人和事

　　一位朋友在与我谈起他的一段经历时，深有感触地说："一个人在做人处世时，要时刻牢记，一个客观公正的决定才会是正确的，超越客观公正，不管出于多么好的初衷，最后都会事与愿违。"

　　朋友的经历是这样的：他的一位私交很好的同事情绪总是很低落，不断抱怨受到这样那样的不公正对待。因为平时经常在一起，我朋友也为之感染，加上这位同事的处境，也有诸多地方令人同情。于是，我朋友总是想尽力为他这位同事争得一些补偿。我这位朋友能力很强为人也不错，在同事和领导面前都很有威信。不久，当单位出现了一个调资调级的机会时，我这位朋友就倾尽全力要把这个机会给他的那位成天抱怨遭遇不公的同事。但这个同事能力并不突出，人缘也不太好，我这位朋友只好四下做工作。在正常情况下，我这位朋友自己被评上的可能性最大，因此，由他出面做工作，无论在领导那里还是在其他同事那里，都有较强的影响力和说服力。经过我朋友的艰难努力，他的那位同事得到调资调级的机会，同时四下议论也不少，那就是我朋友虽然表现了高姿态，但事实本身却并不公正，因为人人都会拿自己与那位得到调资调级的同事去比。对这一点我朋友并不在意，反觉得自己做了一件维护弱者的事。但让他后悔不已的是，他的那位同事，为了证明自己是顺理成章众望所归地调级，无事生非地有意在大庭广众之下把我的这位朋友臭骂一顿，还把我朋友私下与他说的一些隐私公之于众，说我的朋友四处煽风点火、卖弄自己高风高节，有污他的清白，而他之所以能脱颖而出，完全是因为自己出色的工作成绩。不少当时为此事提醒和劝阻过我朋友的一些同事，这时只好安慰我的朋友，说他无论如何是帮助了别人，做人嘛，吃一堑长一智。而与他反目的那位同事，虽然得到了难得的机会，但仍然整天抱怨，因为他的处境特别是心境并没有因为这样一次机遇而得到多大改变，反而使更多的人看穿了他的为人。我朋友也顿时醒悟，认识到这位曾经深得他同情的同事是这样一种人：他们成天为自己认为吃了亏的事而抱怨，而那些得到了别人和组织上关照的事情，他总认为是自己理所当然应该得到的，或者根本就不会记住。

　　我这位朋友的教训是耐人寻味的。他的做法，虽是出于好心，却只能是错误的。首先是他对事实了解不足，对他同事抱怨的真实原因了解不足，就偏听偏信，滥施同情；其次他的高姿态也违背了客观公正、公平竞争的原则，这使奖优罚劣成了照顾落后。当然他四下活动的做法，更是有违组织原则。而最后的结果，也就自然而然地证明了他的错误，对任何人包括那个被"关照"的同事产生的都是坏作用。其实这样的体会也许我们其他的很多人也有。有时是出于感情上的认同，有时完全出于义气，也有时是因一时被蒙蔽，在一些重要的事情上，有意无意地违背了客观公正的原则。对于一些与自己接近的人，把其优点无限地夸大，甚至把缺点刻意美化成优点。明知其老奸巨猾、深藏不露，却说成老实厚道、稳重可靠；明知其文化水平不高，却说成实践经验丰富。对于与自己不相投的人，攻其一两条无关紧要的缺点而对其主要的长处淡而化之甚至歪曲。这样做的结果，或是被小人利用，或是伤害打击了好人，最后总会是事与愿违，搬起石头砸了自己的脚，其苦果让自己难以下咽。

大千世界纷繁复杂，人生百态形形色色，要掌握的一条最为重要的处世原则就是客观公正。因为客观公正维护的是绝大多数人的利益，而感情用事，意气用事，往往是出于个人偏见，为了一个人或几个人的利益违背了绝大多数人的利益。而每个人的正当的权益，是包含在绝大多数人的利益当中，或者至少说，包含在绝大多数人利益之中的可能性要大。只有每个人都超越个人偏见，维护正义，维护客观公正，每个人自己的合理权益才能得到维护。这是一个被反复证明了的道理，这恐怕也应该是一切涉世未深的人做人处世的一个基本诀窍。

（吴敏文）

宽容的力量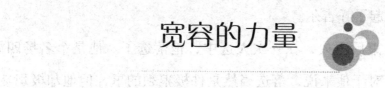

宽容的确是一种美德。

温暖的宽容也的确让人难忘。

不妨让我们看两个例子。

公共汽车上人多，一位女士无意间踩疼了一位男士的脚，便赶紧红着脸道歉说："对不起，踩着您了。"不料男士笑了笑："不不，应该由我来说对不起，我的脚长得也太不苗条了。"哄的一声，车厢里立刻响起了一片笑声，显然，这是对优雅风趣的男士的赞美。而且，身临其境的人们也不会怀疑，这美丽的宽容将会给女士留下一个永远难忘的美好印象。

一位女士不小心摔倒在一家整洁的铺着木板的商店里，手中的奶油蛋糕弄脏了商店的地板，便歉意地向老板笑笑，不料老板却说："真对不起，我代表我们的地板向您致歉，它太喜欢吃您的蛋糕了！"于是女士笑了，笑得挺灿烂。而且，既然老板的热心打动了她，她也就立刻下决心"投桃报李"，买了好几样东西后才离开了这里。

是的，这就是宽容——它甜美。它温馨。它亲切。它明亮。

它是阳光，谁又能拒绝阳光呢！

于是想起了丘吉尔。

二战结束后不久，在一次大选中，他落选了。他是个名扬四海的政治家，对于他来说，落选当然是件极狼狈的事，但他却极坦然。当时，他正在自家的游泳池里游泳，是秘书气喘吁吁地跑了来告诉他："不好！丘吉尔先生，您落选了！"不料丘吉尔却爽然一笑说："好极了！这说明我们胜利了！我们追求的就是民主，民主胜利了，难道不值得庆贺？朋友劳驾，把毛巾递给我，我该上来了！"真佩服丘吉尔，那么从容，那么理智，只一句话，就成功地再现了一种极豁达大度极宽厚的大政治家的风范！

还有一次，在一次酒会上，一个女政敌高举酒杯走向丘吉尔，并指了指丘吉尔的酒杯，说："我恨你，如果我是您的夫人，我一定会在您的酒里投毒！"显然，这是一句满怀仇恨的挑衅，但丘吉尔笑了笑，挺友好地说："您放心，如果我是您的先生，我一定把它一饮而尽！"妙！果然是从容不迫。不是吗？既然您的那句话是假定，我也就不妨再来个假定。于是就这么一个假定，也就给了对方一个极宽容的印象，并给了人们一个极重要的启示——原来，你死我活的厮杀既可做刀光剑影状，更可以做满面春风状。

是的，这就是宽容！一种大智慧！一种欠聪明！

有句老话：有容乃大。恰如大海，正因为它极谦逊地接纳了所有的江河，才有了天下最壮观的辽阔与豪迈！

　　像海一般宽容吧！那不是无奈，那是力量！

　　既然如此，何不宽容——即便是与对手争锋时。

（张玉庭）

做一个与人为善的人

　　直到快吃晚饭的时候，头发斑白的父亲才回来。他在院子里放好自行车，进屋坐到沙发上，带着一脸凝重，说："回来的路上出了一点小事。"我问："什么事？"

　　父亲便讲了他的经历。

　　当我骑车来到王家园路段时，不知道路当中有一块石头——可能是从运石的拖拉机上掉下的，这也是常有的事。等我骑到它跟前时，正巧迎面飞来一辆摩托车，车后还带着一个姑娘。路窄，车快，眼看我们就要相撞，我当时出了一身冷汗。为了给摩托车让路，我一扭车把，朝着石头就冲过去。当时我想，伤着我一个老头不要紧，人家一伤就是俩小青年啊，这不行。我的车子猛地撞上石头，蹦起来，七扭八拐，左晃右摇，顺势下了路旁的土沟。好在我个子高，腿长，两脚一撑，竟站住了。我当时的模样肯定既狼狈又滑稽，竟逗得摩托车后座上的姑娘咯咯地笑了起来……

　　姑娘这一笑让我心里很不是滋味。我定定神，叹息着，费了好大一把劲才把车子拉上来。我没有急着赶路，而是看了看路上的大石头，从痕迹上看，这块石头已碰了不少车，可就是没人搬掉它。我掂量了一下，就捋捋袖子，要哈腰搬石头。这时，有人喊："老师傅，等一等。"我抬头一看，原来是骑摩托车的小伙子，边喊边跑过来。

我心里一动，想："可不孬，到底还是好人多呵。"小伙子跑过来，问我："老师傅您没有事吧？刚才好险，谢谢您啦。"我笑着说没事没事。他说："来来，让我搬。"说着，他弯腰就把石头搬起来，抱到了路边。他对我客气地说声再见就走了。我心里就挺暖和了。我看他渐渐跑向前面叉着腰瞪着眼的姑娘。我有点担心，看得出姑娘对小伙子"神经病""神经病"地骂个不停。我便走过去，想劝劝他俩，谁知还没到跟前，小伙子竟怒气冲冲地跨上车一溜烟儿地跑了。可能姑娘没料到小伙子会这么"绝情"，她愣了一会儿，接着一下蹲在地上，抱着头呜呜地哭起来。我就说："同志，别哭了，他也是气头上行事儿，也许转个圈儿一会就回来接你的。"姑娘呼地站起来，骂道："让他死去，死去好了，谁让你管闲事，都怪你这老家伙。"说完，她发疯一样地向后跑，跑到路边那块石头跟前，也不知哪来的力气，抱起来，又扔回到路上，还在上面踢了两脚，就恨恨地走开了。

我心情沉重地走回来，我望着石头，心想："石头有什么过错？建房盖楼铺路能缺了它？现在，它不过待的不是地方罢了。好吧，我就再搬开它。"于是我抱起石头又把它搬到路旁，填到了一个缺口处。我坐在石头旁，想："世上的事多么离奇。"我越琢磨越觉得生活处处都藏着深刻的道理。一块平平常常的石头也能检验出人的品性，也能给人带来完全不同的忧喜祸福。有人因做了好事而心安而快乐，有人，却因自私而遭受惩罚。同样一件事，人的看法和态度不同，就会出现完全相反的结果，大概世间万物皆是如此吧？

父亲回家路上的小插曲，使我陷入了沉思。许多过去没有思考过的东西开始在我的脑际酝酿。我不由想起很早就读过的一个童话故事：有一个渴望了解人生意义的少年央求上帝带他参观一下天堂和地狱。上帝欣然同意了，先领他参观地狱。只见一伙人正围着一只煮食的大锅坐着，每个人却因手里的汤匙柄太长，送食时都会碰掉相邻者将要到嘴的食物，这样，每个人虽都在拼命地捞取食物，但甘美的食物却总是送不到嘴里，个个被饥饿和争斗折磨得死去活来。再看天堂，这里同样是饭香四溢的大锅，同样人人手里有一长柄汤匙，但是人人笑逐颜开，表现出满足和快乐，原来，他们都在用自己的汤匙喂对方。

在同样的环境里，面对同样的事物，仅仅由于心性的不同就有了幸福和痛苦两种截然不同的感受。显然，一个自私自利的人，眼光只盯着自己的鸡虫得失，为了满足狭隘庸鄙的一己私欲，不惜损害他人的利益，但越是贪图个人的安逸享乐，越是偏偏坠入失望和悲苦的深渊。生活中，这样的人不仅给自己制造了无穷的烦恼，而且他也像一块掉在路中间的石头，给别人带来灾难和痛苦。相反，一个在人生旅途上充满爱心、处处与人为善、谦逊真诚、乐于奉献的人，不仅会为他人和社会带来幸福、祥和、快乐，而且他自己也会从中高扬起人生的风帆，实现人生的真正价值并享受到人生的至美至乐的幸福。

长柄匙没有错，石头也没有过错，只是人们对待它的心态不同，而造成了人间的悲喜剧而已。这些不能不引起我们的深思。

（杨云岫）

熄灭一盏灯，亮起一盏灯

学校有两块橱窗，布置得格调各有不同：一块热烈地红，一块醒目地白。红的是表扬栏，白的是曝光台。两块橱窗里各有一盏日光灯，那是为方便下晚自习的学生浏览橱窗而设的。

有天晚上，橱窗里的灯亮了个通宵，校长很心疼，就在全校学生大会上强调：要节约用电。鉴于大家白天看橱窗的时间很多，所以晚上橱窗的灯一律不准开。

这是作为校纪公布的，谁知公布的当晚，表扬栏的灯就被人偷偷打开了，校长很生气，认为这是有意与他作对，勒令政教主任立即查查是谁干的。

破坏者终被查出，竟是高一（3）班的班长。班长带头违纪，这令政教主任痛心疾首，遂令班长写检讨书，张贴于曝光台里。因是傍晚，政教主任担心学生看不到这张检讨书，引不起大家的警惕，于是亮起了曝光台的灯。谁知政教主任一走，灯却被人悄悄关掉了，一查，又是那个班长干的。

一错再错，罪上加罪！政教主任甚怒，遂撤销班长职务，并令其大会检讨，公开亮相。

自此，这个学生性格大变。先是沉默，继而捣蛋，再后来就不思学业，迟到、旷课、打架……

日复一日，月复一月，这个学生毕业了，走上了社会，他成了一个混混儿。再后来，他干起了偷盗的事。他偷的第一家是高中时的政教主任，第二家则是校长。

他在校长家行窃时被现场抓住，人们把他扭送至派出所。审讯他的警官，竟是他高中时的同班同学。同学不解，问他何以由一个优秀的班长沦落成罪犯，他思量良久，幽幽地说："只因当年我亮起过一盏灯，熄灭过一盏灯……"而他当年亮起那盏灯的原因，只不过是表扬栏里有一篇表扬高一（3）班的表扬稿，他想让全校学生都能看到。

校长听了黯然心惊：如果当时让他亮起那盏该亮的灯，熄灭那盏该熄的灯，这个学生的命运将会怎样呢？

教育无小事，处处关系人。亮开表扬栏的灯，它照亮的是光明，如给人点亮一盏心灯，使人朝着光明前进；亮开曝光的灯，它照着的是阴影，如给人熄灭了心灯，使人在黑暗中沉沦。

（方冠晴）

美　德

　　有一个村子里住着这么一对邻居，平时，他们常常为一些鸡毛蒜皮的小事争吵，比如这一家的小孩抢了那一家小孩的玩具，或者那一家的禽畜跑到这一家来抢食等，都会引来一场或大或小的唇枪舌战。

　　久而久之，彼此就深深地记恨上了。这一家人觉得那一家人道德不行，那一家人又觉得这一家人品行太差。人前人后，彼此也就会有意无意地互相贬损乃至中伤。

　　后来，其中一家不幸失火，全部家当化为焦土，村里的人皆报以同情的目光，但除了一些无关痛痒的安慰话之外，竟没有一人伸出援助之手。就在这家人痛感世态炎凉之时，有一家人却默默地递上了温暖：借给他们粮食，并腾出一间屋子供其暂居——这家人便是他们的邻居。

　　思想家罗素说过："美德就像那天上的月亮，只有在晚上，才能看得见它的光辉。"一个表面上尖刻乖戾的人，往往却拥有一颗纯善之心，而这一切，如果不是意外的劫难，谁又能看得见呢？

（余志权）

睡在我下铺的兄弟

这是一个令人难以启齿的故事，故事里面有一个令人难以忘怀的人。

小时候，我有尿床的毛病。为此，没少挨父母的打骂，有时甚至被罚站屋中央熬过隆冬的漫漫长夜。苦恼而又羞愧的是，这毛病一直持续到我读高中的那一年。

1979年的秋天，我考上县一中。入学时，同村先一年进校的伙伴为我占了一张靠窗的上铺。当时，对一个山里孩子来说，县城里好奇又新鲜的东西很多，就连学校里上下双层床铺都觉得有趣，睡起来也特别香，自己尿床的毛病早已置之脑后。

记得第一个学期冬天的一个晚上，天气十分寒冷，北风呜呜地吹打着窗户。睡至半夜时分，梦中的我，径直走入厕所放肆排泄起来，不待尿完，猛地惊醒，伸手一摸，我的天！床铺湿了一大片，仔细倾听，尿液还一滴滴往下铺滴。睡下铺的尹成同学却毫无感觉。黑暗中，我羞愧难当，想到明天早上被同学们知道当作新闻传播时的情景，更加惶恐，心里又急又恨，真想这个耻辱的夜晚永远不再天亮。

辗转反侧、焦虑不安中，曙光终于来临。学校起床的铃声骤然响起，沉寂的寝室变得热闹喧哗起来。"哎唷"！下铺尹成同学一声惊叫。"怎么啦！"几位邻床同学不禁问道。此时，我将头深深埋进被窝里，心里暗暗叫苦：完了，等着两个班几十位同学的耻笑和奚落吧！

然而，意料之外，只听尹成同学回答："没什么，老鼠将我的袜子叼到床底下去了。"几句笑话过后，同学们各自忙着穿衣、洗漱、整理床铺，桶子、杯子碰撞声和各种嘈杂的谈话交织在一起。

此时，我如释重负，心里对尹成的感激无以言状，但我仍然不好意思起床。直到早操铃声又响，我邻床的肖东同学捅了我一下，"还不起床，要做操了。"我用被蒙着头瓮声瓮气地回答："不舒服。"

待寝室的同学都出去后，我乘机探头朝下铺一望，只见尹成的被单已拆下泡在桶子里。就在我犹犹豫豫坐起来准备起床时，同学们已下了早操，我赶紧又躺下。这时，只见班主任和尹成从门口走了进来。

糟了，难道说尹成向班主任汇报啦？好吧，干脆闭上眼等待着难堪。

"阿湘，好点了吗？"班主任伸手摸着我的额头温和地问。我一阵惊异，只得"嗯嗯"地点点头。接着，班主任又对尹成说："等会你陪阿湘到校医务室看看，有什么情况报告我。"此时，不知为什么，我的鼻腔一酸，眼泪不争气地涌了出来，是羞愧，是难过，也是感激。

事后得知，做早操时班主任清点人数，是尹成为我请了假，说我生病了。肖东同学也在一旁证实。

从那天起，我和尹成调换了床位。说来也怪，此后，尿床的事再也没有发生过。而且，我和尹成同学成了非常好的朋友。高中两年（当时高中只有两年）我们没有闹过任何别扭。我尿床的丑事也没有第三人知道，使我在同学们面前始终以一个健康、优秀的面貌出现，保持了做人的自尊和自信。

十多年了，我和尹成同学失去了联系，我特别希望见到他，表达我真诚的感谢。可是人海茫茫，我无处找寻到他。

许多人都有自己的隐私和某种缺陷。发现了这些情况，真该像尹成一样冷静对待，维护他人的面子和自尊心。那些抓住别人的隐私、发现别人的生理缺陷而津津乐道当作谈资到处传播的人，是缺少修养的表现。感谢像尹成一样善良的人们，给这个世界带来了理解、友爱和默契。

（阿湘）

谦卑的糖衣

一位75岁的菲律宾老华侨写了一封信，回忆她50年前与钱学森在马尼拉轮船码头的一次谈话，那正是在钱学森回国的途中：

"您为什么想回到中国？"华侨问。

"我想为仍然贫穷困苦的中国人民服务，我想帮助在战争中被破坏的祖国重建，我相信我能帮助我的祖国。"钱学森回答，

"您离开美国困难吗？"

"是的，美国政府设置太多的条件，他们不允许我带走我的书和笔记，但是，我将尽最大努力恢复它们。"

"你是做什么工作的？"钱学森反问。

"我姐姐是初中老师，我是高中老师。"华侨答。

"非常好，中小学的老师非常重要，因为这是一个社会发展的基础。青年是社会的未来，他们必须受到好的教育，以培养他们的潜能和创造力。"

"但是，我只能教低层次的东西。不像您，是杰出伟大的科学家，能够创造伟大的事业。"

"不，我只是蛋糕表面的糖衣。蛋糕要想味道好，里面的用料必须好，基础非常重要，培养年轻人是一个国家进步的基础。不要瞧不起你的工作，你是在塑造年轻人的灵魂。"

即便自己拥有举世瞩目的成绩，却依然内心谦卑；即便是面对一位普通的老师，依然毫不吝啬自己的溢美之辞。"糖衣"式的谦卑，又何尝不是一种让人感动的力量。

（王勇）

守得云开见月明

　　小时候，一直觉得自己是个失败的孩子。父母总会对外公外婆嘘寒问暖，对我这个独生女儿缺少关心。幼儿园里，我一直都是不会过分表现自己、不会讨老师欢喜的"笨孩子"。

　　和小伙伴们分糖，可就在糖果倒落的一刹那，瘦小的我被挤到了外面。糖果一把一把地被其他小伙伴抢走，而自己却插不上手。终于有一两颗从他们的指隙间滑落，我会迅速地去捡。每次，我都分到最少的糖，而且是最难吃的。我常常一边珍惜地藏好仅有的几颗糖，等到实在忍不住了再吃。一边羡慕地看着那些抓了一大把糖的小伙伴，看着他们炫耀似的将糖纸剥去和细心品尝时满脸陶醉的表情。

　　以后，不论是和兄弟姐妹一起分其他东西，还是在学校里和同学一起分物品，我从来抢不过他们。甚至运动会开幕式上人手一束的假花，我的那束也是别人挑剩下来的。同学中有些父母做大官的，有挥霍不完的金钱和来去接送的高档轿车；有的长得漂亮，穿着时尚，吸引了一大群男孩。起初，我的确觉得上天不公，觉得羡慕，甚至是妒忌，尽管我知道我的种种不满对这些的存在无济于事。就像小时候分糖果时，我明知道自己挤不过强壮的小伙伴，但还是愿意拼命地去挤。这个举动虽然不能带给我成功的喜悦，却让我注定会有的痛苦能减轻一些，甚至在挤的瞬间我拥有了廉价的知足。

后来，也渐渐习惯，甚至说是麻木了。分东西的时候，我就站在外边，等争先恐后的人满足了丰收的快感之后，再从容地上前。我爱上这种平淡真实的日子。既然我不是上帝的宠儿，我就不怀有任何非分之想。与其抱怨，还不如专注地过自己的日子，静心地享受学生的生活。

终于，我以不错的成绩进入初中，又凭自己的实力，争取到了区里仅有的几个升入市里最好高中的就读名额，然后又以优异的成绩考入大学。

遇见儿时抢糖果的伙伴，他们都羡慕我有出息。而他们的境况大体不尽如人意，至少没有当年抢糖果时把我挤到一边和抢到大把糖果的快感和自豪。

静下来想的时候，自己现在的一切，又岂是当年那个躲在墙角、流着口水、眼看着其他小朋友有糖吃的少年所料想到的。我只是默默地努力，从不奢求那些包含太多"幸运"成分的不属于我的东西。并不是提倡不食人间烟火的与世无争。我不得不承认，当初自己的"懦弱"实在是因为力不从心，但恰恰是这种不苛求的"放手"，让我懂得了知足与宁静，懂得如何去从容地应对世间万变。作家三毛说，真正的快乐，不是狂喜，亦不是痛苦，它是细水长流，碧海无波，在芸芸众生里做一个普通的人，享受生命一刹那的喜悦。

有的时候，我们的争先恐后，也许并不是因为事物本身的吸引，而是攀比的虚荣和占有的快感。可是这又怎么预料呢？生命中的种种经历，往往不具有立竿见影的效果，而需要时间的考验和洗礼，是不可以用最精确的数字去计算和衡量的。所以，要坚持，要忍耐。这个世界总会有机会，给你华丽的转身。

感谢自己当年的懦弱和大度，让我守得云开见月明。

（刘悦）

较　量

在她读旧金山州立大学期间，家里发生了变故。父亲听从一个叫斯科特的美国商人的怂恿，与他合伙投资开了一家电子公司。结果，这一切都是斯科特精心策划的圈套和陷阱。斯科特转移走父亲所有的投资资金，宣布公司破产倒闭。父亲血本无归，十几家律师事务所不愿意接受父亲的案子，因为没有抓住斯科特转移资金的把柄。

为了还债，一家人只好搬迁到一处不足80平方米的出租房里住下。她大学没有毕业，迫于生活压力，在一家建筑公司找到一份工作。上班头一天，父亲就严肃告诫她："在美国这样竞争激烈的社会里，我们虽然被别人骗了，但我们还要恪守职业道德……

她一直遵循父亲的那句话做事情。她赢得了上司的信任，被调到公司职业道德培训分公司工作，专职培训新人员上岗的职业道德规范。她巧妙地把儒家思想融入培训课中，在职业道德培训中声名鹊起，人们都亲切称呼她"孔子女孩"。

一天，让她始料不及的是，邀请她的是让她倾家荡产的骗子斯科特。她当时很踌躇，她不知道他满肚子坏水又要耍什么新花样。斯科特见她沉吟不语，仿佛看出她的心思，嬉皮笑脸地说："如果你不能接受我的邀请，说明你也没有什么职业道德，你还被人们誉为什么'孔子女孩'，简直虚伪透顶……"她最后答应了对方的邀请。

　　培训进行得一如既往地顺利，由于连续举办了十几场，佣金达到了十几万美元。她当时很担忧，怕斯科特又故技重演，会找各种借口和理由来赖账。然而，培训结束，她的担忧真一扫而光——斯科特的支票竟然很快到账了。只是，本来只有12万美元的酬金，支票上竟然写的是21万美元，对方显然弄错了，而且没有察觉。像这种情况，她完全可以把支票不动声色地收下来，因为，就算追究下来，上到法庭，对方也会吃哑巴亏，就像当年斯科特对待她的父亲一样。

　　然而接到支票的那一刻，她毫不犹豫拨打了斯科特的电话，约他会面。在一间餐厅里，她把那张21万美元的支票郑重地送到斯科特手中，微笑着解释："斯科特先生，你把支票写错了。不是21万美元，而是12万美元，请重新填写一张给我。"斯科特惊讶地看着她，嘴巴张开老大，说不出一句话。就在这时，她的身后传来欢愉的掌声，一个电视台主持人拿着话筒走来。原来，这一切都是斯科特处心积虑策划的阴谋——他是故意写错支票，并请来了当地电视台的主持人做公证人。他料定，当她收到他的支票，一定会想起她父亲遭遇的那件事，把那笔支票不声不响地收下。那样一来，他就可以把她的"孔子女孩"的形象连根拔除。可斯科特万万没有想到，她会把那张21万美元的支票完璧归赵。

正是斯科特精心策划的阴谋和圈套帮了她大忙，电视台一播放，她所就职的那家培训公司知名度也因此声名鹊起，在美国同行中获得一致认可。

事后，她说："一张支票，21和12两个数字，不但是自己言行一致人格的彰显，更是自己的灵魂对职业道德的深层阅读。作为华夏血脉延续的一员，这是我对孔子文化发扬光大的诠释和最生动的注解。"

后来，她的职业道德培训班在美国白宫举办。这个姑娘，叫韩辛。

（张振旭）

在作品上留下你的名字

　　2008年北京奥运会主会场"鸟巢"是一个举世瞩目的建筑作品；"鸟巢"总重量达到2万吨的钢结构，全部要通过焊接来完成。为了焊接技术的要求，保证"百年大计，质量第一"，参加建造这一具有历史意义建筑奇观的焊工们，每每焊接一条焊缝时，都要庄重地在焊缝边上镌刻下自己的名字——也许公众没有机会看到，却永远不会磨灭。

　　在"作品"上留下你的名字，这种责任到人的做法，让每一位普通焊工明晓自己的历史职责和人生荣誉，从而在建造过程中，杜绝了裂纹、夹渣等质量问题的出现，使得"鸟巢"构件工程的一次成功率达到了99.99%。

　　在"作品"上留下你的名字，不仅是对质量的一种负责，也是对荣誉的一种宣扬，更是对历史的一种承担，但愿我们继承和发扬这一镂骨铭心的风尚，以这种"将来式"的独特手法告慰后来的一代又一代人。

（周宏）

年轻不是资本

　　20岁大三时，他就参加了托福考试，虽然英语成绩不错，但因为专业不过关，没有能够去美国留学。他有些失望，辅导员安慰说，你还小，今后有的是机会，千万别灰心。辅导员的话虽简洁，对他却是极大的激励，他重新树立信心，他坚信那句话："年轻就是资本。"

　　第二年大学毕业，他再次报考，可惜还是差了一点儿。他很不情愿地进了一家国内的小研究所，一边工作一边坚持自学。他不想放弃最初梦想，好在还年轻，有的是精力和时间。两年后，虽然单位一再阻拦，但他仍然义无反顾地参加考试，并取得了较好成绩。他主动辞职，信心满满地飞向大洋彼岸。

　　三年的硕士学业眨眼过去，他的论文答辩还算成功，并被导师推荐给了美国的一家公司。那家公司虽不是世界知名企业，但在当地名气很大，想进去工作的人不少，自然竞争激烈。面试时，高管问他，你为什么想进我们公司？他早有准备，不假思索地回答，贵公司适合我，也和我的专业对口。高管又问，那你凭什么要进我们公司呢？他想了想回答，我具备专业知识，我很年轻，完全有能力胜任这里的工作。高管笑道，我虽然欣赏你的自信，不过想问问你，难道年轻也成了资本？他仍然自信地回答，当然，年轻当然是资本。高管突然收敛起笑容，说，对不起，小伙子，我没有发现你能进我们公司的资本和素质，请另谋高就吧。他不甘心，追问道，那贵公司的人才需要具备什么素质呢？高管说，等你工作几年之后，自然就知道答案了。

那次应聘失利，对他是个打击。好在自己才26岁，应当还有机会。接着他又应聘了两家公司，"意外"地仍然失利。在朋友的推荐下，他去了旧金山，在硅谷的一家华人创业公司打工。因为是同胞，经理很快和他成了无话不谈的朋友。当他把自己的挫败经历说给经理听时，经理笑着说，我和你有类似经历，美国这个地方可从不在乎年龄。他有些吃惊，不是说美国人特欣赏自信者嘛，难道年轻不是资本吗？经理回答，自信当然好，可年轻和自信都不是什么资本。他打断经理的话，那什么是资本？经理回答，你我都没有资本，干出成绩才是资本，成功在这里就是资本，而成功和年龄无关，在美国，40岁可以成为总统，70岁同样能当总统。

原来如此，经理的点拨让他茅塞顿开。

年轻不是资本，干出成绩才是资本。成功和年龄无关，躺在年轻的"资本簿"上，只能变得狂傲而迷失自我；自信而扎扎实实地打拼，才有机会把握成功、赢得未来。

（绘丹）

豁达的心境

读书的时候有一个男老师，博士后，却在学院里不得志。上他的课，点完名后，不过是短短的几分钟，他从讲台上一抬头，便发现少了三分之一的学生。当然都是从后门猫腰偷偷溜出去的。所以尽管他有着温和的好脾气，见到我们总是眯眼微笑，即便是有人在课上发短信打电话，他也只是用视线善意地提醒一下，便继续讲课。但是我们依然不能够喜欢上他，就像不能爱上一个寡淡无趣的老夫子一样。

常常听说他的许多八卦新闻。譬如被老师们淡忘，许多重要的学术会议，都没有人通知他参加。所以基本上，他是老师中的弱势群体。微微有些难过，觉得他这样笨拙木讷的中年男人，也不知何时，才能够时来运转，成为别人眼中的座上宾，或者是光芒四射的学者。

我们都以为他是一个永远都不值得我们留下记忆的老师，是一次去他家送作业的偶然事件，让我们突然看到了一个平凡男人的宽容与良善。

我们都以为这个被学院老师和学生们集体遗忘掉的男人，在家中也活得渺小且无力。没有人注意到他的存在，或者他的家人同样指责他的软弱和黯淡。但那一天，我们却看到了他作为男人的另一面。这一面的他，顶天立地、宽厚温和、从容不迫。他热情地让我们坐下，而后又拿出奶糖与水果，递给我们吃。还特意去洗了手，为我们沏了一杯上好的普洱茶。他做着这一切的时候，脸上始终挂着笑容，似乎这个小小的家，是一片深蓝的天空，只要它在，那么一切世俗的烦恼，都可以忽略不计。

而他的妻子，也始终对我们充满了善意，很温柔地坐在旁边的沙发上，边为我们剥着荔枝，边微笑倾听他给我们点评作业，似乎，他说的每一句话，洒落在她的心里，都是细密柔软的雨丝。

有同学被这样安定美好的温情感动，忍不住道出一件自己认为不公的事。是一次学院老师们开年会，却故意地没有叫他，本是一场关于教学的讨论，因为发生了分歧，最后有老师特意地转移话题，将批判的矛头指向了他。那场批判大会，一向不招惹任何人的他，却因为大家想要娱乐和减弱矛盾，而成了众矢之的。他在众人的描述中，成为那个鹬蚌相争从中得利的渔翁。说他很快评定了职称，赶上学院最后一批福利房的好运；他没有多少学术水平，却因为和善的好脾气，而在选导师时，总有想要偷懒的学生选他；而那些真正有水平却总是忙着在各个城市间飞来飞去做报告的老师们，却因此与他争抢不过。假若用最通俗的话说，他是一个笨人，却总是有外人意想不到的好福气。而这样的好福气，又因为他的笨拙，招来聪明人的非议与指责。

我们以为他听后会难过，或者失落，可是什么都没有。他依然微笑着劝我们吃手边的水果，好像刚刚听到的，是别人的故事，再或，那些事情他早已经习惯，所以在他这里，便激不起任何的波澜，他有他沉静安然的幸福，而那些学院老师间利益的纷争，他不参与，亦不关心。

我们从他的家里走出的时候，他与妻子送我们到楼下，并站在门口向我们说再见。走了很远，回头，还看见他们在安静地目送。昔日总是爱说他笑谈的同学，突然间眼眶红了，但却抬头看看天空，道一声"天空真美"，便不再言语。

我知道同学其实想说：他原来是这样心胸宽广到犹如深蓝天空的男人。但我也知道，很多时候，像他那样，不争辩、不言语，能够修炼成的最豁达的境界。

（安宁）

自卑只会让人变得更矮

　　有个年轻人，因个子矮而自卑。他时刻都想掩藏住自己，所以在与人交谈时，他目光躲闪，甚至连走路也是勾肩缩背。他去找心理医生，看有没有什么好办法能让自己自信起来。

　　医生听完他的陈述，说，那好吧，你站着别动，我给你量量身高。结果量出的身高比他的正常身高矮了两厘米，这令年轻人非常吃惊。

　　医生没有多说什么，而是把一面落地镜放在了他的对面。年轻人看着镜子里的自己，涨红了脸，感到无地自容。

　　医生笑着说："自卑只会让人变得更矮。一个人的身高和长相不能改变，这是铁打的事实。但是，我们却可以完美地展现出我们本来的高度！"说着，医生突然拔高音量，像个军人一样发出命令："立正、收腹、抬头、挺胸！"

　　年轻人看着镜子里英姿飒爽的自己，眼睛里渐渐有了坚定的微笑。

　　　　　　　　　　　　　　　　　　　　　　　　　　　（羊白）

用乘法计算我们的幸福

一条小溪，它流经许多村庄，村民们都到溪流中挑水喝，溪流越来越小，但小溪没有痛苦，没有埋怨……相反，它还越流越欢，汩汩滔滔，一路踏歌向前。

一个人路过，问小溪：村民挑走你的水喝，你失去那么多，你不感到悲伤吗？小溪说：不，村民们越喝我的水，就越证明我洁净，我就越幸福。因为我的牺牲，幸福着千家万户。

人生中难免有"失"，像小溪一样地看待"失"，也就不觉得是"失"了。失与得往往是辩证的，塞翁失马，焉知非福？换一种思维，"失"又何尝不是"得"呢！得失都是幸福的，一点幸福可以放大，只要你用乘法计算，就可以成倍增加。

（李弗不）

我们都是生活的触须

　　再次看到他时，他的脸上多了一些疲惫，也多了一些沉稳和自信。

　　他是我一个外地朋友的孩子。大学毕业后，考取了社工岗位。去社区报到之前，第一次见到了他，一个有点腼腆内敛的男孩。我问他怎么想起来考社工，他说工作难找，自己也想在最基层锻炼锻炼。

　　转眼，他在社区工作已经快一年了。虽然我们同在一个城市，见面的机会却并不多。直到他父亲来看望他，我们才重聚。他身上的变化很大，这让我对他这一年的工作充满了好奇。

　　他说，刚开始到社区工作时，完全不适应。以为社区的工作很简单，没想到，小小的社工岗位，也充满了挑战。上班第二天，就有个大妈来到办公室，说她家院子里有青蛙，一到夜里就"呱呱"地叫个不停，吵得她无法入睡，让帮她将青蛙捉走。这事也归社区管吗？但他还是硬着头皮去了。拿根棍子，在院子里捣鼓了半天，终于在院角的草丛里，赶出了一只大大的癞蛤蟆。说到这里，他有点难为情地摇摇头说，其实从小到大，我也很怕癞蛤蟆，当时，真不知道该怎么办。看看大妈更害怕的样子，没办法，只能上了。蛤蟆岂肯束手就擒？四处蹦跳，大妈和他，这一老一少，玩起了捉蛤蟆的游戏。筋疲力尽的蛤蟆，最后在墙角落网。看到他一脸汗水，大妈执意打了一盆热水，并拿了一条新毛巾，让他洗洗脸。他说，那一刻，他的心里暖暖的。

社工的工作很琐碎，大多是居家过日子鸡毛蒜皮的小事。有一次，有个老汉捧着一袋子花花绿绿的碎片，哭丧着脸跑到社区。从老汉断断续续的描述中，他听明白了，这是老汉辛辛苦苦攒下的钱，塞在床底下，没想到被可恨的老鼠给咬成了这些碎片。他很同情老汉，却不知道社区能为他做什么。原来，老汉是来社区央求开个证明，这些钱是被老鼠咬的。这样他好到银行去兑换：如果不帮帮老汉，他这些辛苦钱，可能真的打水漂了。证明是无法开的，但他决定陪着老汉一家家银行跑，最后，总算有家银行答应帮老汉将钱的碎片粘贴整理，再进行兑换，为老汉挽回了大部分损失。

听着他的讲述，我和朋友都听呆了，真没想到，社工的工作，这么琐碎，这么细致。琐碎不可怕，经常还得受委屈。他说，有一次，一个居民跑到社区，大骂他们工作失职，一问，原来是每天中午时分，有几个航班恰好飞过社区上空，飞机的嗡嗡声吵得他无法午休，他要求社区去航空公司说说，让飞机改道。他反复解释，那位居民不但不听，反而大骂他失职，窝囊，没用。那一次，他委屈得流泪了。

朋友心疼地看着自己的儿子，拍拍他的肩膀，问他，还会继续在社区工作吗？他睁大眼睛，当然啊。他说，就像难免受委屈一样，社区工作也有很多温馨的事。有一次，他值夜班，忙到半夜了，忽然接到一个中年男子的电话，说自己快八十岁的老母亲睡不着觉，让他去帮帮忙，哄哄老人。他拖着疲惫的身体去了。老太太见到他，很开心的样子，拉着他的手，聊这聊那。原来，老太太最喜欢的孙子，被送到国外读书去了，思孙心切，她经常失眠。老太太说，看到他就像看到自己的孙子一样。他明白老太太的家人为什么要喊他来了。他陪着老太太说了近两个小时的话，直到老人家睡着了。此后，每隔一段时间，他就主动到老太太家走访一下，和老太太聊聊天，而每次老太太都会拿出很多好吃的点心，那都是她孙子从国外邮寄回来的，舍不得吃，要留给他。每次，他都会吃一点点，看着他吃，老太太很开心，他也很温暖。"正是这份温暖，使我坚持社工这份工作，它是社会最细最深的触角，感觉着生活，也安慰着生活。"他目光坚定地看着他的父亲，又看看我。

说实话，虽然也一直生活在社区，我却很少和社区联系，对社工的工作更是很少了解。看着眼前这位年轻人，我忽然明白，生活和人生就这么琐碎，我们其实都只是小小的触须，我们所触碰并感受到的，就是那个叫生活的东西，我们安慰并宁息的，就是生活中的风波。

（唐仔）

幸福胜过一切

作家史铁生在《病隙碎笔》中说："发烧了，才知道不发烧是多么清爽；咳嗽了，才知道不咳嗽是多么安详。只有用心去感悟，才能体会到拥有健康是多么幸福！"

不小心被树枝划破了额头，懂得感悟幸福的人不会抱怨，因为没有伤到眼睛；登山时不慎将金项链滑落悬崖，懂得感悟幸福的人不会伤心，因为掉下去的不是自己……许多事故、意外、失落，只要想到最严重的后果，就会觉得不幸中的大幸时时拨动着幸福的心弦。

有人说，如今有钱就幸福，钱越多越幸福。但有消息说：近几年我国有多位亿万富豪先后自杀。不论出于何种原因自杀，最起码活着的幸福感在他们心目中已经荡然无存，可见"钱越多越幸福"的说法靠不住。

富翁有富翁的苦恼，穷人有穷人的幸福；富豪可能日赚几万甚至几十万，却感受不到幸福，而进城打工的农民每天能挣几十块钱就感到十分满足了。同样的社会，同样的生存，不是生活中缺少幸福，而是缺少感悟幸福的心态。

古希腊有个人整天感到自己痛苦不堪，便去问苏格拉底在哪里能找到幸福，苏格拉底郑重地为他祈祷一番，说："今年你每天都会幸福。"

一年后，那人又找苏格拉底说："我今年还和去年一样，什么事也没发生，哪有什么幸福？"

苏格拉底说："今年在战争中死伤了那么多人，病死了那么多人，饿死了那么多人，你没死没伤没病有饭吃，怎么会不幸福呢？"

其实，生活中处处存在幸福，就看我们如何去感悟。学会感悟幸福，是超脱的生活态度、睿智的人生境界。感悟到幸福，就能享受快乐、拥有美好、保持健康。

（周文洋）

把手还给我

在美国加州，一个4岁的小女孩，她的爸爸有一辆大卡车。她的爸爸非常喜欢卡车，总是为车做全套的保养，以保持卡车的美观。一天，小女孩拿着硬物，在她爸爸的卡车钣金上划下了许多刮痕，她的爸爸盛怒之下用铁丝把小女孩的手绑起来，然后吊着小女孩的手，让她在车库里罚站。当他想起小女儿还在车库罚站时，已经是4小时后了。等他赶到车库时，小女孩的手由于被铁丝绑得太紧，血液早已不通，皮肤都发黑了。他迅速把女儿送到医院，医生说，太晚了，必须截去小女孩的手，因为手掌部分已经坏死，不截去的话非常危险，会危及生命。就这样，小女孩失去了双手，但是她却不懂到底发生了什么。

半年后，小女孩的爸爸将卡车返厂重新烤漆，又像全新的一样。当他把卡车开回家后，小女孩看着重新烤漆的卡车，对她爸爸说："爸爸，你的卡车好漂亮，看起来就像是新的一样。"然后，又天真无邪地伸出她那断手，说："爸爸，你什么时候把手还给我？"他听了女儿的话，羞愧难当，回到屋子里，举枪自杀了。

惨痛的事实告诉我们：别在喜悦时许下承诺，别在愤怒时做出回答，别在愤怒时做出决定，只有这样，才不会害人害己。

（范德波）

如何提升你的生活品质

吉布森觉得自己的生活一团糟。他渴望重新安排自己的生活，创造自己的生活，追求自己真正渴望的东西。相信像吉布森一样过着糟糕的生活以及有着与吉布森一样的想法的人不少，在此，我很乐意与各位分享6个简单的方法，帮助各位从这一刻起就能提升生活的品质。

1.转换生活的角度

维尼拥有一个漂亮贤惠的妻子、两个可爱的孩子，还有一份不错的工作。按理说，他的生活品质指数是很高的。但事实恰恰相反，原因是，维尼与现在的妻子相识前曾有一份刻骨铭心的恋情，以致与妻子结婚多年后，仍把前女友的东西当宝贝一样留着。维尼的妻子因此非常不开心。自然他们的家庭生活因此受到了影响。

乔伊斯追求安娜已经三年了，但安娜从来没有答应过做他的女朋友。但乔伊斯仍然没有放弃，他坚信精诚所至，金石为开，终有一天，安娜会被他感动的。

霍金斯的梦想是让青蛙飞起来。他把青蛙拿到8楼的楼顶，然后把青蛙扔下去。他以为这样的训练可以训练出一只会飞的青蛙。但是青蛙死了一只又一只，他的训练没有取得丝毫进展。令人可笑的是，霍金斯不但没有反思自己的荒唐行为，还认为是自己找的青蛙不够聪明。

维尼所要做的就是放弃关注那些正在淡出他的生活的人和事物。乔伊斯则要好好反思自己的感情付出，你追求人家越久，无非说明人家不喜欢你的程度越高，就算最终那块金石被打开了，那也是开得非常的无奈。而霍金斯则忘记了一点：梦想若不切合实际，就算付出再多的努力也是枉然。

所以，一旦你注意到自己正在关注自己无法拥有的东西，那么换一种思路吧。转换你生活的焦点到那些与你密切相关的人和事，追求那些让你真正幸福的人和事，让自己处于一种实实在在的生活状态，而不是让你和你身边的人缺乏安全感，以及让自己一直处于久久的等待状态之中。

2.学习从环境中得到所需

丹尼在一家物流公司上班，收入很不错，但他并不喜欢这样的工作环境。然而他又不想离开，因为一旦离开，就很难再找到一份薪水稳定的工作。于是，他每天都带着一种厌恶的情绪工作着。

"大部分人认为是环境束缚了自己的发展，但事实并非这样，他们应该学习如何从环境中得到他们需要的东西。"社会心理学家兼职业顾问黛安·布拉曼森说。

凯恩的梦想是成为某大公司市场开发部的主管。虽然他现在的职位是市场部的一名微不足道的办事员，但是他却很高兴，因为他觉得自己能够进入市场部工作就已经向梦想迈近了一步。只要有空，凯恩就去参加市场部举行的市场营销培训班。当他感到自己的梦想越来越强烈的时候，他又去夜校进修有关市场管理的课程。"虽然我现在还不是市场部的主管，但我现在已经是一个主管候选人了。"凯恩这样鼓励自己。

如果你认为现在所处的环境是阻碍你实现理想的原因，请你放弃这种想法，但不要放弃目前的工作，而应该去多参加一些业内的活动，在那里有可能适度发展一些人脉。也许，这样做能让你的心态神奇地发生变化。

3.学会活在当下

无法使自己的生活品质得到提高的原因之一，就是过分关注自己的过去。过分关注自己的过去，结果只会让你不断地重复自己。如果你一味地重复过去的事情，你只会得到相同的结局。那些没有希望的人生是如何创造出来的？就是不断地用相同的方法做着相同的事情，却满心期待着不同的结果。

所以，不要再让自己活在过去的故事情节当中，也不要再和别人分享你那些早就过时的故事了。当你不再重复那些戏剧性的故事时，你就不会再重复地经历那些故事情节。再次地讲述那些旧故事就等于又再次经历了一次那样的生活。如果你一直往回看，你的生活很难再继续。

我们可以让过去保留在大脑当中，但不要过分地去关注。我们应当专注于现在，学会活在当下。

4.做最好的自己

拉里金教授是兰德读研究生时的导师。数年前，拉里金教授也曾是兰德的哥哥亚当斯的导师。亚当斯非常聪明，是每一个老师都喜欢的那种类型的学生。兰德非常崇拜他。一天，拉里金让兰德和其他几名学生进行某个课题研究。兰德没日没夜地去钻研这个课题，但研究报告交上去后，拉里金教授只给了他一个中等的分数，而换作是亚当斯，绝对不会这么差。看到分数的刹那，兰德差点儿流泪了。拉里金教授安慰他："兰德，你下次会做得更好的。"

兰德摇摇头，说："我永远都不可能像我的哥哥亚当斯一样优秀。"

拉里金教授笑了，说："不，兰德，你不必像亚当斯。你只需成为这个世界上最棒的兰德。"这句话字字敲在兰德的心上。从此，这成了他一直追求的目标。

你也要像兰德所追求的一样，不要总想着别人期待你做什么，或者别人认为什么样的你才是最好的。要知道，每个人对你都会有各自不同的看法。当你觉得这样活着压力巨大时，就不要再想着自己是否达到了他人的期望。如果真的没有达到他人的期望的话，那就做最好的自己吧。

5.工作归工作娱乐归娱乐

乔安娜所在的部门的工作非常多，而且人手很少。于是，几乎每天晚上，她都要加班一两个小时。工作多得实在做不完的时候，她干脆将工作带回家。后来，周末也成了工作时间。乔安娜的家人觉得乔安娜的工作就像一个粗鲁无礼的客人，霸占了他们家庭越来越多的时间和空间。而乔安娜也觉得自己不再拥有工作之外的生活，因此她对工作开始厌倦，甚至憎恨。

我们不是说绝对不能把工作带回家，而是绝对不能总是把工作带回家。如果你的工作确实很多，不如和同事采用轮流替换的方式：一部分人晚上在公司加班，另一部分人则回家休息或者出去娱乐。比如，乔安娜选择周一、周三、周五晚上加班，周二、周四、周六的晚上则可以尽情放松。但是，请你记住，在你休息或者娱乐时，绝对不能将工作带回家。

6.别太在意别人的评论

爱丽丝想改变自己的发型，但一直都没有去做。原因是她太在意别人的看法了。"家人可能无法接受我的新发型，同事也许会嘲笑我，老板也许会认为我没把心思放在工作上……"每次想做新发型时，她的心里就会冒出这些念头。所以，爱丽丝一只保留着自己的那个"老土"发型。

库尔克有空就去帮助独居的老人凯尔先生。而凯尔是一位富翁。所以，有人说库尔克照顾凯尔先生是没安好心，是想博得凯尔先生的感激而留一部分遗产给他。对这些恶意的言论，库尔克一概不理会。凯尔先生去世后，他按照老人的意愿，把老人所有的财产都捐给了慈善机构。

如果你太在意别人的评论，你的情绪肯定会糟透了。别人发表评论总是会带着个人感情，而这往往会导致不良情绪的产生。所以，不要总是想着别人会对你怎么看，更不要在意那些没有根据的评论。你自己也不要总是想着某件事或者某个人的好坏、对错。如果你因此将自己评论他人生活中的某种情况带入到自己的生活中，麻烦就来了。

小变化真的能带来大惊喜，你还犹豫什么呢?

（乔纳森·赖斯）

请勿旁若无人

凡公共场所，大都有"禁止高声喧哗"之类的标示，其实，嗓门大不是什么毛病，声若洪钟总比细喉尖嗓要好。但要看你那钟怎么敲，在什么场合敲。乱敲，就是噪声。

我基本是一个天天坐公交车的人。公交车无疑是一个公共场所。乘坐公交车的人来自四面八方，常坐就不免遇到熟人，见面总要说话，打个招呼，进而聊上几句，低声慢气，怕扰了别人，这体现了人的文明素质。而在这样一个需要安静的场所，却总不乏旁若无人者。

两个约有二十几岁的女孩子勾肩搭背嘻嘻哈哈撞上车来，相挨坐在我后面的座位上。一个嗓音极尖锐，声音细长且锋利，如一根针直刺我的耳鼓；另一个带一点沙哑，穿透力却极强。看来她们在马路上没有聊够，等车的间隙里也没有聊够，上了车永远也说不完的话就像顺流而下的瀑布，准备全部倾泻在车厢里了。她们抨击单位的领导，奚落一起上班的同事。一个说她的父母古板，总是看不惯她；一个说她的父母太老实，总受人欺负。这个说谁谁穿的衣服特老土，那个说谁谁讲的笑话特烂……聊得兴起，全无节制，把闺中秘事竟也捎带些出来。尖声的，语速之快，令人耳不暇接；沙哑的，音域宽厚，如一架飞机在头上盘桓。如此聊了一路，旁若无人。

"喂!"一声震喊，司机急忙踩了刹车。

"我在车上呢，你在哪里?"有人打手机，虚惊一场。

"不行! 今天无论如何也得把货送下，不然你就别回来见我。

一车人面色肃然，似乎电话那边被训斥的是自己。

这是一个坐公交车的旁若无人的老板。

旁边有一个人跟我一样紧皱着眉头，我们用眼神悄悄交流着，我从他的眼神中能读出他的疑问：现在的人是怎么了? 如此旁若无人，公共道德意识哪里去了?

我终于到站了，与身旁那位志同道合者点头道别，然后逃也似地跳出了车门。

车子开走了，可这些声音还在我耳边绕着，久久不肯离去。

梁启超先生在《论道德》中说，"人人独善其身，谓之私德；人人相善其群，谓之公德，二者皆人生不可缺之具也。"文明，是一个人道德修养的体现，如果不注重这方面的修养，言谈举止往往会信马由缰，不顾及环境因素和他人的感受，那么，你就会常常被他人反感和不齿。"相善其群"也就无从谈起。中国向来是一个以文明著称的国家，我们每一个人都能自觉地从最基本的文明举止做起，才无愧于"文明"这个美称。

（辛国云）

一滴水的智慧

　　一滴水，能卖到多少钱？一瓶矿泉水也就值几元钱。作家张贤亮却将一滴水卖出了天价，他是怎么做到的呢？

　　一只装了黄河水的小瓶子，如果扔在地上，肯定不会有人捡，哪怕送上一桶黄河水，游客也未必肯要。但是，在宁夏那个荒凉的地方，也没有什么资源，于是作家张贤亮下海后，就试着把黄河水卖出去。刚开始，有人笑话他：想赚钱想疯了。他却说自己的优势是有文化，"文化其实是第二生产力。"

　　他拿着一个瓶子，里面灌上黄河水，怎样才能卖出去，而且卖个好价钱呢？他想到得给这个水一个说辞。他想到黄河自古以来就哺育了中华儿女，所以黄河也被称为母亲河，黄河也是中华文化的发祥地，因此黄河之水乃是"中华民族的乳汁"，而非普通的江河之水，这就是价值。可有人说，天下黄河九十九道弯，从巴颜喀拉山发源到流入渤海长达5464公里，流域面积有了5.24万平方公里，哪里不是妈妈的乳汁？人们为什么非要买宁夏的黄河水呢？张贤亮又想到了，在宁夏，黄河水本来就有金水富水一说，宁夏的黄河水是富裕吉祥的象征，有句老话说"天下黄河宁夏富"，这么一说就更有意思了。

接着他考虑从哪里取水呢？他通过实地考察，最后决定在银川黄河大桥下取，他在取水瓶下面注明，这水是作家张贤亮先生亲自取的，这又为黄河水增添了分量。

这瓶水就这样在不断的"包装"中增加着它的内含与"砝码"，但张贤亮没有就此满足。他认为中国结不仅代表了中华传统文化，也是吉祥如意的象征，注入了"爱国文化"的内涵，是个非常理想的载体。"中国结"加上"母亲乳汁"，这样就更有意境了。面对母亲的祝福，谁不动容，谁不虔诚之意顿生，谁还会在乎价格昂贵而拒绝呢？它可以创造商机，并为商品增添更多的附加值。

就这样，张贤亮在他创办的镇北堡西部影视城里，推出了这种"葫芦"，这不是那种地里长出来的葫芦，而是一个透明的葫芦形小瓶，镶嵌在红彤彤的中国结中。中国结中间吊的是一个晶体，透明的晶体，它可以做任何的形状，可以是心形的也可以是葫芦形的，可以是圆柱形的，里面就灌上一滴或两滴黄河水出售。后来，还专门为此创意申请过专利。

于是，游客到镇北堡一游，无论是留作纪念还是赠送亲友，炎黄子孙最好的纪念品似乎就已经是非葫芦里的"中华民族的乳汁"莫属。虽然价格不低：人民币10元一个，但一直卖得很不错，用张贤亮的话来说，"尤其是海外来的，十几个、几十个地往回提。"就这样，张贤亮卖的黄河水是最昂贵的黄河水，2ML，就是一滴水珠那么大，用文化去包装它，就卖了10元钱。就一滴水，一年收入好几十万元。

就这样，由张贤亮创建主持的西部影视城，经过数十年苦心经营，已经成为著名影视拍摄基地和旅游胜地。旅游业兴起，拉动了旅游纪念品小商品市场蓬勃发展，他也成了中国文人"下海"经商的成功典范。

当你能把一滴水卖出天价时，就没有什么不可以卖钱的了，就没有打不开的销路了。

（苗向东）

半亩花田一生相依

女孩在网上有一块田，取名半亩花田。她的田里永远种着同一种花，那就是蓝紫色的勿忘我。男孩问她，勿忘我有四种颜色，你为什么独独喜欢蓝紫色？女孩淡淡地回，喜欢就是最好的理由。

男孩知道自己问了不该问的问题，于是默不作声地在女孩的花田里当起了园丁的角色，锄草、施肥、浇水、捉虫，间或给她留言，都是些散淡的心情之类，比如哪条街上茶餐厅里的小吃好棒，哪家水果店里新到了水果，又淘到正版的老唱片了，他都会事无巨细地留言告诉她。天冷了，他也会提醒她加衣；下雨时，他会提醒她带伞。

他的留言常常那样散淡而不经意地躺在她的留言箱里，有时候，她会盯着那些留言出神，想象着男孩在街上行走，在树下徘徊，在人流中被裹挟着向前，她甚至想象着他说话的神态、欢愉的样子，那一定是个阳光男孩，眼神清澈、思维活跃……她转动着手里的咖啡杯，神思游移。那些留言，她多半不会回，隔一两天，上网看看她的花是不是都开好了，顺便看看他的留言。

现实生活里，她是一个白领，上班下班，自己开着车，一个人独来独往，从不与人结伴，也不见她与谁走得很近，没有人见过她有男朋友，也没有人见过她有来往密切的"闺密"，讷言、慎行，背地里大家都叫她"绝缘体"。她是一个静默的女子，静默得让人心疼和发慌。

在那幢有着上百家公司的大厦里，早晚上下班是一大景观。她裹挟在人流里，盯着前边一个女同事美腿上的网眼丝袜，虽然很风情，但她总觉得缺少了点儿什么。正胡思乱想着，脚下七寸高的高跟鞋偏偏跟她较劲，往旁边一歪，就在她快要摔倒的刹那，一只强而有力的手臂托住了她，她像一根藤，顺势站了起来。

她回头看了一眼，是新来的上司，眼梢很长，头发很密，看人的时候喜欢眯着眼睛。他笑，你不谢谢我吗？不然你可糗大了。她说，谢谢！他压低声音，怎么谢我？你请我吃饭吧！她冷冷地回，不。他笑容转淡，那我请你？她看着他的眼睛，你想追我？抱歉，我对小男孩不感兴趣。

他比她小三岁，小不是原因，而是借口。她以为，这样可以让他知难而退，谁知他却毫发无伤。他一眨不眨地看着她的眼睛，说，我有追求的权利。她的心微微地动了一下，可是很快调整好情绪，耸耸肩，做出无所谓的样子。

那天晚上，她一个人喝了一瓶红酒，火辣辣的液体像穿肠的毒药把她烧着了，她对着镜子笑，然后趴在桌子上哭，大半夜的时候，打开电脑，上网。

那些蓝紫色的勿忘我全部盛开了，像一片蓝色的花海。她打开留言箱，给男孩留言：我给你讲一个故事吧！相传中世纪欧洲有一位英俊的骑士，热恋着一位美丽的少女。有一天，他们共骑一匹马出去游玩，在海岸崎岖的悬崖上开着一朵小花，少女非常喜欢，骑士为了博得恋人的欢心，攀上悬崖去采，结果失足掉进大海。我就是那个少女，和男朋友一起出去玩儿，让他给我买草莓蛋糕，他穿过马路的时候，被一辆飞驰而来的大货车带进了天国。从此，我的半亩花田里永远都是蓝紫色的勿忘我，我的世界里只剩下勿忘我，

隔天，她收到男孩的留言，如果你愿意，我想和你一起种勿忘我。如果你愿意，请到街角那家咖啡馆找我。如果你愿意，我会连续一周，每天傍晚都等在那里。一周之后，我们将永远错过彼此。

她反复看着男孩儿的那条留言，犹豫良久，眼前晃动的却是一大片蓝紫色的勿忘我。永远错过，这四个字灼痛了她的心，她想去看看男孩儿，可是她又怕自己背叛了那些勿忘我。

第七天傍晚，她终于说服自己，披上一条蓝紫色的披肩，去了那家咖啡馆，临窗的位子上坐着一个男孩儿，眼梢很长，头发很密，喜欢眯着眼睛看人。

她的泪流了下来，是你一直在陪着我吗？他点点头。

出门的时候，两只手已经紧紧地牵到一起，就像一双手里捧着一束蓝紫色的勿忘我。 （积雪草）

留一段路让别人自己去走

　　朋友老丁送儿子去省城上大学，按理说要第二天才能回来，没想到当天下午他就回来了。他说只送儿子上了火车，然后自己就回来了。

　　我说他有点不负责任，作为一个父亲，应该送儿子到学校报到。老丁笑道："送人千里，终有一别，还是留一段路让他自己去走吧！"

　　我终于明白了他的意思，顿时对他肃然起敬。

　　作为父母，也许你很疼爱自己的孩子，希望儿女们平平安安，永远幸福，但不是每个父母都能长命百岁，不是每个父母都能陪伴自己的孩子一生，总有一段路需要儿女们自己去走。

　　作为老师，也许你很关心自己的学生，希望学生们一个个考上名校，都有出息，但你终究只能陪伴学生走到考场外，考场内的那段煎熬还得靠学生自己去体验，试卷上的难题还得靠学生自己去解决，考上大学后的学业还得靠学生自己去完成。而且你也将会有新的学生、新的任务，你的头上迟早也会添白发，你也迟早会退休，总有一段路需要学生自己去走。

作为伴侣，也许你非常喜欢自己的另一半，希望另一半健康幸福，永远快乐。但人生路上有时有人会先走，那么自己也要学会承担。而且每个人都有自己的事业，不可能与伴侣时刻寸步不离，总有一段路需要伴侣自己去走。

作为朋友，也许你非常关心你的朋友，希望每一个朋友都万事如意，一帆风顺，但每个人都有自己的家庭和事业，每个人都有自己的生活，不可能永远陪在朋友身边，总有一段路需要朋友自己去走。

所以，总有一段路需要别人自己去走，因此你不必害怕。儿女们长大了，试着让他们走出自己的视线，去开始新的生活；学生们毕业了，就让他们各自高飞，去取得新的成绩；伴侣整天陪你也不容易，就放手让他去开创自己的事业，实现自己的人生价值；朋友在一起是一种缘分，但不要把聚散看得太重要，相信朋友在新的地方也能实现梦想。

总有一段路需要别人自己去走，因此要珍惜在一起的这段美好时光。鼓励儿女们打造一双强劲的翅膀，无论天涯海角都不会坠落；引导学生们认准前进的路，无论何时何地都不会迷失方向；与伴侣互勉，各自取得事业的辉煌；在关键时刻向朋友伸出援助之手，让他渡过生活的难关，看到明天的希望。

总有一段路需要别人自己去走，你又何必把别人控制在自己的视线里？还是放心地留一段路给别人自己去走吧！小鸟要自己展翅才能学会飞翔，人要自己行走才会真正成长。人与人的相处不应该是相互占有，而是彼此的尊重！

（龙喜场）

那些静默的时刻

陪同一位领导去走访视察。对这个领导没什么了解，所以全程都是默然跟随，冷眼旁观。

到了一所聋哑学校，由于领导的到来，师生们都被集中到大礼堂，在校长用一番手语讲了开场白之后，下面响起热烈的掌声。这时，领导却举手示意大家安静，于是底下的孩子们全停止了鼓掌。只见领导飞快地比画着各种手势，让我们这些随从很是震惊，竟没人知道领导居然会用这么流利的手语。一时间全场寂然，虽然我看不懂他在讲些什么，可是从台下孩子们的眼神里，从老师们莹莹的目光中，还是让我读到了一种感动心灵的情绪。

领导讲完，全场没人鼓掌，只是维持着一种浸润心灵的宁静。那一刻，再看领导，就有了不同的感触。离开之后，我悄悄地询问一位老师，领导究竟讲了些什么，老师说："领导说，孩子们，我知道你们生活在一个没有声音的世界，那么今天，就让我走进你们的世界。别奇怪我会手语。因为我的父母都是聋哑人，我曾那样深入过你们所处的世界，那里虽然安静沉默，可是却有我最真诚的爱！

我的父母作为聋哑人，为了抚养我培养我，付出了更多的艰辛，他们是最伟大的人。我相信，你们将来也会成长为最伟大的人。感谢孩子们，让我再一次重回这个温暖的世界，让我重新感觉父母的爱。再让我在你们的世界里停留一会儿，我们谁也别弄出声音！"

回想那短短的静默的几分钟，心仍然震撼感动，那样无声无息，我接近了一颗颗真诚而火热的心。

一个朋友的母亲去世，大家都去帮忙，安慰的话说了一大堆。朋友虽然神情平静，可是却掩盖不住眼中的那抹伤心与痛苦。和他是多年的知交，所以感同身受，心里也是沉重无比，只在人群外望着。

料理完后事之后，人们都散去，我却没走。从饭店出来，我和他来到公园里的河边，坐在草地上，望着远山近水，谁也没有说一句话。就那样默默地坐着，我仿佛能感受到他心中所有的悲痛与哀思。直到夕阳西下，我们才往回走，分开的时候，他冲我笑了笑，一种释然的感觉。

后来他多次提起那个下午，我们无言地坐在草地上的时刻。他说："那么多人都来真心地劝慰我，可失去亲人的痛苦，不是言语所能抚平的。那个下午，你一直陪我坐着，没说一句话，后来，心里就轻快多了，谢谢！"

是的，有的时候，沉默的相伴胜过千言万语，那是一种无声的抚慰、无言的交流。而那静默的时光里，会流淌着一种穿透人心的温暖力量。

听过这样一个故事。

在一个煤矿里，有一次发生了坑底塌方。当时井下正有一个采煤组在工作，一时间，他们陷入了绝境之中。二十几个人躲在一个暂时安全的角落里，等待救援。可是时间过去了很久，仍未有转机，说明救援难度很大。这时，他们的负责人，一个四十多岁的汉子站出来，说："我们不能这样等下去了，应该积极地去找找有没有别的安全出路。为了减少伤亡，只能去一个人查看。"

他说的方法对，也合理，可就是没人自告奋勇地站出来执行这个任务。虽然大家此刻离死亡是那样的近，可是谁也不想去更接近死亡。一时僵持下来，负责人在昏暗的矿灯光中，逐一看过每个人的脸，他们都躲闪着他的目光。他的目光最终停留在一个二十岁左右年轻人的脸上，年轻人也只是平静地看着他。他心里犹疑了一下，暗叹一声，决定自己去，虽然他知道离了自己这个主心骨，他们也许会更艰难危险。

他正要行动，那个年轻人却站了出来，坚定地望着他，他也看着年轻人，那还是一个刚刚长大的孩子啊！别人都在看着他们两个，他从年轻人的眼中看出了坚持，便轻轻地点了点头。年轻人悄悄走出了角落，而大家依旧没有言语，一片沉默之中只有年轻人的脚步声渐行渐远。

后来，在负责人的带领下，他们获救了。而那个探路的年轻人，却永远地将如花的生命停留在黑黑的井底。获得重生的人们无不痛哭，在年轻人的坟前。而鬓染秋霜的负责人更是泪落如雨，他只喊了一声"儿子"便昏了过去。

那是他的儿子，在那样一个沉默的时刻，他们于目光中交流了太多。那是一个被所有人铭记的时刻，也是一种能穿透所有人灵魂的静默。

（包利民）

良心没有差距

　　我的一位同事，年近60，不到一年就要退休，恰逢此时，上级要求，每位教师必须进行普通话水平测试。于是，学校给每位老师发了一本小册子，规定每天要拿出一个小时来练习。

　　因为我们小学处在乡镇，而这位同事又是民办教师转成的公办教师，普通话基础非常差，课堂上已是"拿腔撇调"，一节课下来，舌头不知怎么放才好。现在要想很快改变自幼形成的口音，实在是非常困难的一件事。

　　我们劝他，一大把年纪，都教过班里孩子的爷爷了，过不了几个月就退休，还是甭参加考试了，这不是给自己找罪受？

　　他摇摇头，说：当老师就应该说普通话，我做得还不到，能学多点就应该多学点，咱多学一点，孩子们就能多学一点。当老师干的是"良心活"，认真负责是老师，误人子弟也是老师，咱不能对不起自己的良心。

　　说完他拿起小册子认真地看着。办公室里有人的时候，他很少读出声来。每天放学以后，教师都离校了，他拿起小册子，轻轻关好门，就在教室里缓慢地来回走着，朗诵着。读着读着他站住，那一定是碰到了难读的词语句子，几十年的口误纠正起来要费大工夫，一个词有时候要读上十几遍，二十几遍。夕阳西下，阳光从窗子里斜照过来，在他花白的头发上镀上一层金色。整座教室都沐浴在金色的阳光中。

我在操场上静静远看着，心中贮满了感动。"教师的工作是'良心活'，"多朴素而真诚的说法啊，一位小学老师恪守着自己的"良心"这个道德的标杆，映衬出多少值得我们称道的高尚啊？

"活儿"可以有好孬轻重之别，每个人的素质不同，干出来的活儿有差距。但在良心面前，每个人不应该有差距。

因为良心没有差距。

（张佃）

人生必须要懂得的三件事情

人生必须要懂得的三件事情：

第一，永远乐观地看待世界。

在这个社会上，你一定会郁闷，一定会痛苦，一定会沮丧。不仅你们这么觉得，人类社会几千年以来几乎每个人都郁闷过，每个人都痛苦过，每个人都难过过，但是人类社会永远是一代胜过一代。不管发生什么事情，要相信明天会更加美好。

第二，永远用自己的脑袋思考。

要用自己的脑袋独立思考，用自己的独立眼光去看待任何问题。永远记得用欣赏的眼光看别人，用欣赏的眼光看自己。只有懂得用欣赏的眼光看待别人的人，才会有成就感，才能走过一步一步的难关。

第三，永远讲真话。

真话最难讲也最容易讲。真话永远听起来不爽，但是它又是最爽的。乐观、独特并且讲真话，只有这么走，人生才是圆满的。

（曹卫华）

拓展个性的十条建议

　　一些人之所以成功，常常不是因为他们的智商比别人高，而是因为他们有自己做事的良好个性，并能很好地运用它，这是他们的过人之处。下面是创立并拓展个性的十个途径，它能帮你以积极的态度做事，从而达到个人和事业上的成功。

　　1.即使事情有困难也要做。2.对你做出的行动负责，包括你的选择和你对事情做出的推断。3.要清楚你做一件事的理由。4.无论对你自己还是对他人，一定要诚实、守信。5.要知道你自己的能力，并给其用武之地。更要知道你自己的弱点，并尽量避免为其所误。6.认真地做出选择，并且智慧地将其发扬光大。7.你应该有自律精神，但要知道如何不被其过分地限制。8.学会享受生活，但要知道何时收敛，也要有能力收敛。9.要弄清楚你所想要的和需要的二者之间的差别。10.明白并且尊重生活中人与人之间各自的界线。清楚你自己的底线，也要对别人的界线给予同样的尊重。

（汉斯·鲁本斯）

作文与做人

　　我国古代一直非常重视文学艺术家人品与作品风格的关系。人品有两方面的含义：一是指个性气质，二是指道德品质。

　　人的个性气质不同，作品风格也各不相同。用西方理论家的话讲，"风格就是人本身"。这样的例证有许多，比如说李白做人飘逸，所以诗也飘逸；杜甫为人沉着，因此诗也沉着。

　　气质与作品风格息息相关，德行也与作品风格血脉相连。汉代扬雄就曾这样说："言，心声也；字，心画也。盖谓观言与书，可以知人之邪正也。"这里强调的是，文章或书法作品，往往是一个人内心世界的反映，通过作品可以看出一个人的人品好坏。元代揭傒斯在《诗法正宗》中就举了许多这样的例子，如说"刘孝绰兄弟；鄙人也，其文淫，湘东王兄弟，贪人也，其文繁。"这都是着眼于品德来谈的。

　　的确，德行与文章、写作与做人常常是有机地统一在一起的。我国当代著名作家巴金就是以真诚地做人、真诚地写作闻名于世的。他在回答为什么写作这个问题时说："人为什么需要文学？需要它来扫除我们心灵中的垃圾，需要它给我们带来希望，带来勇气，带来力量。我为什么需要文学？我想用它来改变我的生活，改变我的环境，改变我的精神世界。我五十几年的文学生活可以说明；我不曾玩弄人生，不曾装饰人生，也不曾美化人生，我是在作品中生活，在作品中奋斗。"文如其人，巴金先生是用他的笔记。录自己的"真实思想和真实感情"，德行与文章互为表里，相得益彰。这正说明，一个人因其节操高尚，文章也更受人喜爱，文章优美，又可增添有德之人的光彩。巴金先生人品、文品俱佳，备受读者爱戴。鲁迅先生是文人，更是战士，他的精神与文章同样不朽！

但我们也要注意到，世界上的事情是非常复杂的，也是千变万化的。好人可以变坏，坏人也可以变好，好人身上未必没有坏的因子，坏人身上也可能有好的素质。文品与人品并不总是统一的，人品不好的人也有能写出高品位作品的。明代的都穆就曾指出；古之偏人曲士，其言其字，未必皆偏曲，则言与书又似不足以观人者。元遗山诗中写道："心画心声总失真，文章宁复见为人。高情千古《闲居赋》，争信安仁拜路尘。"这首诗说的安仁，就是西晋文学家潘岳（字安仁）。此人性情轻躁，喜趋势利，与石崇等人谄事权贵贾谧，每每在外等候贾谧出门，便望尘而拜，人格可谓卑下。可他写的《闲居赋》，描写田园风光，明净和畅，全无尘俗之气。

现代文坛，类似的事例也不少见。如今的年轻人都知道鲁迅，恐怕没几个人知道他的弟弟周作人了。其实，周作人在"五四"时期曾风云一时。早年他痛骂军阀，讨伐独裁，向往民主。他学贯中西，文笔优美，小品文写得实在是绝。可他中年以后锐气消沉，最后堕落为汉奸，成为民族败类。大节一亏，前功尽弃，人既已被社会所不齿，文自然也就少人问津了。

历史上，像周作人这样因德行而影响作品传世的人，实在不少呢。比如说到南宋抗金名将岳飞，人们不禁肃然起敬，吟诵起他那慷慨悲凉的《满江红》，更是热血沸腾。但说到陷害岳飞的奸臣秦桧，人们便会嗤之以鼻。可有谁知道，秦桧除了是个大奸臣、大卖国贼之外，他还是个不错的书法家呢。他的字笔力遒劲，很有风骨。可是因其迹劣，人们"恨屋及乌"，作品早已被人们弃掷如沿敝帚了。人们喜爱的书法作品、文艺作品，大多是作者人品较好的，有人格魅力的，用古人的话讲，是"爱其书者，兼取其为人也"。

如此看来，作文（广义的）与做人有矛盾，也有统一，但二者相互影响则是毫无疑问的。须知，学书应先养性，作文先学做人。只有好的人品才能与好的文品、艺品相得益彰，交相辉映。七十年代有一部较好的影片叫《闪闪的红星》，小演员当时写过一篇《演冬子，学冬子，做党的好孩子》，至今让人不忘。这也大抵是说从艺与做人要一致，要有精神境界。时下文艺界不少人著书作文、绘画演戏，不讲人品者屡见不鲜。某两个漂亮的女影星在江南某地因嫌钱少而罢演，某演领袖起家的"大款"，出场费要价不低，且"孔方兄"少一点儿也不干，诸如此类的事儿，让人听了、看了总觉得不是味儿。

　　看来，文品与人品并非是一个太过时的话题。从历史中，人们也许能得到一些警示。我仍以为：做人是根本，书法、绘画、文章、演艺等，皆不过是人生大树上的枝叶。根深才能叶茂！

（范军）

精明与老实

稍加观察，就会发现我们的周围活跃着许多精明的人物。

这里，我们不妨简单勾勒一下这类人物的粗略形象：

在公众场合，他们总是追随大多数人的观点，而把真实的自己不动声色地隐蔽起来。

他们最善于随机应变，常能看准时机攫取私利。面对利与害的选择，总能"领先一步"趋利而避害。

他们善于辞令，表面上语调温和、言辞平淡，其实却常隐含某种言外之意、话外之音。

他们既善于自我掩饰，又善于自我防卫，即使身陷困境，也总能巧妙地摆脱。

他们精于思考，一事当前，他们往往先思考好了几个方案，以使自己进退两便、左右逢源。

由上述可见，精明的人往往是交际场上的佼佼者，他们似乎没有办不成的事，没有打不通的关节。

但是，有些人过于精明，与人相处总想处处占便宜而让别人吃亏。这样，人们上过他一次当之后，就对他敬而远之了。这就是那些"精明过人"的人常常变成孤家寡人的原因。

因此，精明不能过分。

与"精明人"相反的当然是那些"老实人"。

老实人不善言辞，不善随机应变，不善抓住时机获取私利。在诸种社交场合，老实人常常处于被动或陪衬的地位。他们只相信"清清白白做人，老老实实办事"这一条真理，对于如何与人交往毫无研究，也无研究的兴趣。因此，交际艺术与"精明人"相比，可谓差矣。这就决定了他们不是"精明人"的对手。

但是，且慢！老实人的优势又是精明人所望尘莫及的。这就是老实人大多心胸坦荡宽广，不与人计较利害得失。因此，他们也就很少与人结怨。这也就是当"过于精明"的人变得形只影单时而"老实人"却能与大家融洽相处的原因。

那么，朋友，你于精明与老实之间作怎样的选择呢？或者把二者融合成一体作为你为人处世的风格？

（丁凯隆）

"桃园结义" 纵横析

  电视连续剧《三国演义》中，刘备、关羽和张飞三人面对盛开的桃花，跪地盟誓结拜，再渲染以著名歌星刘欢那一番声情并茂的演唱，那场面确实令人经久难忘。刘，关、张桃园结义，是以"上报国家，下安黎民"为共同志向。《三国演义》中，关羽是"义"的化身。关羽追随刘备大部分时间是在穷愁破败，东奔西走的境遇里，而关羽依然"随先主周旋，不避艰险""同心休戚，祸福共之"。关羽在曹操的金钱、美女、筵席、爵禄和阿谀、虚情假意的包围和考验中，他的义，登峰造极，成了一个"义贯千古"的完人。关羽的这一身富贵不能淫，威武不能屈的英雄气概，至今有口皆碑。

  然而，"义气"是建立在个体经济基础之上的人与人之间的一种道德理解，它必然从属于具体的阶级，服从于一定的社会目的。不同阶级、不同阶层、不同政治集团的人，从各自的需要出发，都大力提倡赞颂过它。"义"的本身含有复杂的内容，可以从两个方面来分析。从积极的一面来看，这种道德规范把情和义置于金钱、地位及至生命之上，一些阶级或阶层可以用它作武器，团结互助，激励斗志，扶危济困。过去不少农民起义在准备和实施过程中，都曾用结义作为手段，来巩固、扩大内部团结。如《水浒传》中的英雄因"义"聚集，为义而斗争。晁盖被推为梁山之主后对全体说："各人务要竭力而心，共聚大义。""义"使得梁山好汉同心协力，扶善锄恶，不畏艰险，勇往直前，粪土钱财，敝屣富贵，名垂千古。但是，义也有它消极的一面，它过分强调人和人之间的情感，因而容易引导人们不顾全局利益，混淆是非界限。以摈弃了理智的"义"作为自己行动的指针，其结果往往是可惨可悲的。关羽败走麦城，寡不敌众而被擒后，孙权由于爱惜这样的英雄，还想"以礼相待，劝使归降"，而左右的人提醒说，连曹操那样的热忱相待，也没把关羽留住，今天好不容易把他捉住，"若不即除，恐贻后患"，孙权考虑半天，终把关羽斩了。关羽死后，刘备痛心欲绝。为了"义"，完全置国家利益于不顾，决心抛弃江山与东吴拼个死活，由于失去了理智，准备不足，铸成大错，不仅失败，而且自己也病死于白帝城。张飞闻讯关羽遇害，他旦夕号泣，痛不欲生，决意不顾一切，发兵报仇。他完全丧失了理智，谁要说个不字，他便拿谁出气，酩酊大醉中，被人刺杀。刘备和张飞为了"义"，几近疯狂，这样在毫无理智的情况下去做事，其结果可想而知。可以这样说，刘、关、张三人因义而成，因义而亡。我认为，在今天，对于刘关张的桃园结义应作实事求是分析，不应作过多的肯定，也不要宣扬。

　　朋友之间的交往应以真诚相见，要肝胆相照，做事不能放纵情感。诸葛亮，他并未与刘备结什么义，但他做事既为刘备考虑，更是为国家着眼。他"鞠躬尽瘁，死而后已"，为刘备、为蜀汉操劳终生，并无半句怨言。所以，结交朋友，不能随便就结什么义，作为朋友，不能为了义，就置法纪于不顾，触犯法律。现在，在青少年当中，有些人喜欢仿效桃园结义，拉帮结派。也许有些人结派的目的是相互促进，共同进步。也有很多人为了哥儿们义气而结成帮派，这种帮派多半会危害社会，有些发展成为社会黑帮，走上犯罪之路。

"义"，在今天应当转变成一种爱：爱朋友，爱集体，爱国家，爱事业。有了这样一种爱，做事就不至于丧失理智、不管后果。有了这样一种爱，我们都能和睦相处，生活得更有意义。

（唐人）

享福的点薇花

　　新西兰山区里有一种花，这种花美丽无比，五片花瓣五种颜色，每一片花瓣上还有两个不同于花瓣颜色的点，当地人叫它"点薇花"。

　　1923年，点薇花在深山中被人发现。由于它花开十分美丽，因此，人们开始疯狂采挖这种花，然后移植到自家的花盆里，用来装饰屋子。更有聪明的商人，开始做起了点薇花的生意。

　　人们将点薇花移出深山后，为了让它更好地成长，对它呵护备至，浇水，上肥……一样工序都不少。但这种花似乎生命力特别脆弱，通常一朵花只开三两天便凋谢了。为了延续这个物种，人们开始大量人工种养，但无论给它多么优厚的环境条件，它就是繁殖不起来，长得低矮不说，两三天后肯定会渐渐枯萎。无奈，人们只能采取死一批挖一批的办法，以延续它在生活中的美。长此以往，山区里的点薇花越来越少，有时人们为了找一株点薇花，甚至要走进寂寥的深山里，一株花的价格最高被炒到了300美元。到了八十年代中期，这种花几乎消失了。

克拉克在惠灵顿一家植物研究所工作，当他得知点薇花的处境后，立即致电当地政府，给出了繁殖点薇花的建议：如再发现点薇花，不要将它移走，就让它原地繁殖。"为数不多的点薇花如果再不给它呵护，它更容易死去！"当地政府对这个建议有些置疑。克拉克立即解释说：点薇花是一种对周边环境十分敏感的花，对声音、水分、风力，甚至它周围的物种都十分敏感，只要环境改变，它的身体机能就会紊乱，就会渐渐枯萎……

当地政府采纳了克拉克的建议。历尽一年艰辛，在密林深处找到一株点薇花，然后对这株花进行严密地管护，任何人不得靠近它，任何人不得护理它。两年后，就靠着这株点薇花，山区又重现了原来的美丽……

点薇花在百般地呵护中死去，却在复杂的自然环境中生机无限。这也给天下父母一个忠告：孩子的茁壮成长，不在于给他最优越的生活条件，而在于给他最适合的自然环境。

（程刚）

如何合理地规划你的青春

谚语有云：一日之计在于晨，一年之计在于春。年轻的朋友们，从现在开始，就来好好规划你无价的青春吧。

储备足够的知识

一位学者和一群商人出海航行，商人们携带了很多货物。其中一个商人问学者："我们每一个人都带了不少贵重的货物。您带了什么货物呢？"

学者笑着答道："我的货物可比你们的贵重多了！"然而，令那群商人奇怪的是，他们找遍了整艘船，也没有发现学者的货物。于是，他们认定学者是在说大话，有的人还开始对他冷嘲热讽。

航行途中，这艘船遇上了海盗。海盗们将商人的货物洗劫一空。船靠岸后，商人们因为货物被劫，立即陷入了困窘之境。而学者则不同，由于他学识渊博，马上受到了港口居民的欢迎，于是，他便在当地办班收徒。不久，学者的班级便在当地引起轰动。学者因此不仅衣食无忧，而且出入都有一帮弟子相随。

那些还留在当地的商人看到这些情景，终于明白了学者所说的"货物"的含义。他们都来到学者的跟前，愧疚地说："请原谅我们的无知吧。现在我们终于明白了，知识才是最有价值的货物，有知识的人拥有无尽的财富。"

的确，知识的价值远远大于货物的价值。聪明的犹太人就很看重知识的价值。在犹太人看来，钱财并不是最重要的东西，早上腰缠万贯，到了晚上就可能会一贫如洗。钱财可以被抢走和剥夺，唯有知识才是一旦拥有就永远不会失去的。要冲破阻碍，顽强地生存下去，唯有依靠知识和智慧，这是犹太人深信不疑的真理。在他们看来，没有知识的人才是贫穷的，拥有知识就可能拥有一切。

年轻的朋友们，请你们相信：一个人有多少知识，就有多少力量，知识和能力是成正比的。解决相同的问题，在辅助条件相同的情况下，一个具有丰富知识和经验的人，比一个知识贫乏或者缺乏经验的人，更容易想出好点子，更容易有独到的见解，也更容易把事情快速而出色地处理好。明白了这个道理，我们就应该努力去掌握更多的知识，为自己美好的人生奠定坚实的基础。

珍惜时间

有一个人，他非常善于安排自己的时间，从不会浪费一点儿时间。他买了一本书，每次出门前都撕下两页，随身带着，一有空闲时间就取出来阅读，读完之后将其烧掉。用这种方式，他节省了很多时间。当然，我不提倡把书烧掉，我只提倡你们像他那样利用时间。如果我们能像他那样珍惜时间，也就为你的未来积攒下了一笔可观的财富。

虽然每个人嘴上都说要珍惜时间，但是很少人把它兑现。那些整天说空话、没有实际行动的人，都是大傻瓜。他们的存在，仿佛只是为了证明时间的宝贵和易逝。

如果我们不在实际行动中珍惜时间，是不可能真正认清时间的价值的。合理安排与利用好自己的时间，就是为自己的未来储蓄一笔资金，这笔资金能在未来给你带来财富。

如果我们在年轻时没有播下知识的种子，那么到我们老了，就别想有知识的树荫来为我们遮风挡雨。一旦踏入社会，我们就不可能把时间都花在学习上，因为我们会接触各种社交圈，会被琐事缠身。尽管可以合理地安排自己的时间，留一部分继续积累知识，但已经不可能有充足的时间让你重新打基础了。所以，在踏入社会之前，每天花在学习上的时间多一点，抵达胜利地终点就会快一点。你越是有效地利用时间，就能越早地获得真正的自由。

有效率地做事

一个星期之中花点儿时间来整理自己的账目，使它一目了然，这样做不仅能让你对自己的日常开销非常清楚，还可以培养良好的理财习惯。将各种类型的资料存档时，都要贴上标签，然后分门别类地加以收藏。一旦你有需要，就能快速地查找到你所需要的资料。效率是做事的关键，而运用适当的方法能提高办事效率。做每一件事都要讲究方法，并且要坚持到底，不能三心二意，除非发生了意外情况。

阅读也要讲究方法。很多人喜欢读某些作家作品的篇章段落，或者不停地跳读各类书籍，这样可能很难把握书的主旨。随身携带一个笔记本，是帮助你记忆的良好方法。但要注意的是，不要摘录那些大而不当、华而不实的话语。在此，我要向各位年轻的朋友推荐一种非常有效的方法，我年轻时就是用这种方法来协调工作和娱乐的时间的。这个方法很管用，就是按时早起。不管你前一天晚上熬夜到多晚，第二天早上都要按时起床。如此，每天早上做别的事之前，就至少有一到两个小时可以用来阅读或者思考。

有些年轻人认为，做事情按部就班、循规蹈矩是一件麻烦事，是对年轻人自由精神和激情的残忍压迫，只有那些反应不灵敏的人才需要这么做。对此，我不敢苟同。遵循程序和章法能给你节省更多的时间。假如一个月内你遵循某种方法做事，那么结果是不仅不会给你增添任何麻烦，而且还会让你事半功倍。有效率地做一件有益的事情，就像锻炼有助于增进食欲一样，能够刺激人们的意志，给人带来快乐。

在有效率地做事的同时，我们也要记住一点：今日的事情今日完成。如果你在身心方面成了一个懒惰、懈怠的人，是不会有大作为的。

专心做好一件事

年轻的时候，有一点对一个人的成长很重要，那就是：对任何事情都要怀有好奇心，每一件事都要专心地去完成。青春年华，不应该表现得懒散、冷漠。

当然，我们更不能只做书呆子。我们在学习之余还可以做其他事情，比如，娱乐。我从不认为娱乐是懒散的行为或者是在浪费时间，而是把它们当成有理性之人的娱乐。一天之中，安排出一部分时间用于娱乐，其实是非常有益的。比如，你可以参加公众集会或者朋友的聚会、同学的聚会，与人共进晚餐，甚至还可以去跳跳舞。做这些事情的时候，一定要专心，否则你就是在白白浪费时间。

很多人都以为自己能够将每天的时间都充分利用上，可是到了晚上，把这些时间累加起来，就会发现其实根本没做成或者做好什么事。他们虽然花了几个小时看书，可是在这个过程中心不在焉，结果自然收效甚微，甚至毫无所获。他们经常参加聚会，可是从来不会真正参与进去，既不观察别人的个性，也不留意别人的话题，而是完全想着一些无关的琐事，或者干脆什么都不想。他们去游玩，总是被那里的人或者物吸引，结果反而将游玩的初衷抛到了九霄云外。

建立人际关系网

不少年轻人在踏入社会之前，是与"现实世界"严重脱节的。其中的一点表现就是，在离开学校之前，他们很少主动去接触那个他们即将要跨入的领域中的人，别的领域中的人就更不必说了。这往往意味着，当他们为找工作而奔波忙碌时再做这事已经太迟了。

尽快开始建立你的人际关系网吧，给你感兴趣的领域中的人们发邮件，即使这个邮件只是说"我看过你的书并且对我产生了很大的影响"或者说"我真的很钦佩贵公司所取得的成就"；加入专业组织（他们大部分都招收学生会员，并且收费便宜），并且参加专业会议，在校园里参与或者创建你感兴趣的社团。

很多时候你会发现，人们是非常愿意帮一位聪明好学的年轻人一把的。还有，人们都喜欢其成就被别人认可，无论认可的人是谁，而且帮助别人走上光明大道的感觉也非常好。当然，也有例外，但这些例外很少，只要你愿意，你总能找到另一个可以帮你的人。

（查斯特·菲尔德　庞启帆）

为清洁工的失误买单

在德国多特蒙德一家博物馆内，珍藏着德国已故艺术家马丁·基鹏贝尔格一件珍贵的艺术品——一个装有白色粉末的黑盆。黑盆被固定在一个高约2.5米的木架结构上，盆里的白色物质体现的是从屋顶滴落下来的液体，整个作品的主题是"当屋顶开始滴漏时"。

然而就在近日，这个作品被一个名叫约翰娜的清洁工毁坏了。原来，约翰娜刚刚被博物馆聘用，她在打扫展区卫生时看到了被"弄脏"的黑盆，于是非常认真地用抹布将盆里的白色粉末擦去了。

这件艺术品的保险金额是80万欧元，也就是说，约翰娜一抹布就把80万欧元浪费掉了。

媒体很快针对这件事情采访馆长维腾格尔。80万欧元保险金额将由谁支付？清洁女工约翰娜将承担什么责任？记者们迫不及待想知道答案。

出乎所有人意料，维腾格尔扛下了责任——他声明这笔费用将全部由博物馆支付。至于对约翰娜的处置，维腾格尔的回答更让人意外："除了将打扫展馆卫生时该注意的事项传达给她之外，我们不会追究她的任何责任。"

"为什么？"所有记者不解。

"每个人看待艺术品的眼光都不同。在清洁工约翰娜眼里，盆仅仅是需要打扫的一件物品。这让我们不得不反思：这种不能被大众所理解的作品有没有必要展出？另外，失误是由于我们内部的管理不当引起的，因为我们在招聘她时还没来得及交代许多细节。所以，责任不在清洁工。"维腾格尔坦诚地回答道。

确实，对于很多所谓的艺术品，清洁工往往只有四个字可以想，那就是"需要打扫"。所以，维腾格尔理解他们的失误，愿意为他们的失误买单。

（睿雪）

性格色彩

按照性格色彩学，人的性格可分为"红黄蓝绿"四种：红色自由快乐，蓝色完美严谨，黄色果断坚定，绿色和谐宽容，当然，每种性格也有它们的缺点：红色杂乱无章，蓝色固执死板，黄色霸道蛮横，绿色软弱拖拉。认识了性格色彩的"红黄蓝绿"，就能帮助你看透自己、洞察他人、处理好人际关系……这就是人的性格色彩。

性格色彩对号入座

红色——红色性格的人是开放的和直接的，他们具有生动和活力的个性，是理想化的人，但当行为举止与场合不符时，也会被人认为是主观的、鲁莽的、易冲动的。红色是快节奏的人，会自发地行动和作出决策。他不关心事实和细节，容易夸大其词，尽可能地逃避一些烦琐的工作，与分析研究相比，红色更喜欢随意猜测。他们是很有创意的人，思维敏捷，能快速并热情地与人相处。

黄色——黄色是非常直接且严谨的，有很强的自我管理能力，他们自觉完成工作并给自己新的任务。和别人交往时，黄色性格的人表现冷漠，以目标为导向，善于控制他人和环境，果断行动和决策。他们最关心的是结果。黄色性格的人行动迅速，对拖延非常没有耐心。当别人不能跟上他们的节奏，他会认为没有能力。黄色性格的人的座右铭是"我要做得又快又好"。

蓝色——蓝色性格的人是间接和严谨的。这类人非常注重思考过程，能够全面、系统性地解决问题。他会被人认为是有距离的、挑剔的和严肃的。他们做事缓慢，非常关心事物的安全性，任何事情都要做对，喜欢有组织、有构架的、知识性的工作环境。所以这种人热衷于收集数据，询问很多关于细节的问题，容易多疑且喜欢将事情记录下来。他的行动和决策都非常谨慎。

绿色——绿色性格的人，是开放的、犹豫的、亲近的、友好的，可以提供支持和依靠，他们是以人际为导向的人。他们追求安全感和归属感，和蓝色一样做事和决策慢。这种拖延是因为绿色不愿冒风险。因为不喜欢与人发生冲突，所以在他行动或作决策之前，他希望能够先了解别人的感受，有时他会说别人想听的话而不是他心里想的话。绿色是一个积极的聆听者，作为他的伙伴你会感觉很舒服。

如何区别色彩性格

以"挤牙膏"的问题为例：你挤牙膏的习惯是随意地一把"抓挤"，还是从下到上随时卷起，保持牙膏形状完整的渐进式"挺挤"？

随意一把"抓挤"的人群，偏向于比较随意的生活习惯，他们追求自由、自然、自在的方式而不拘小节，这种性格特点是红色；从下到上卷起"挺挤"的人群，偏向于严谨的生活习惯，注重秩序、规则与条理，在对待任何一个你可能觉得是小问题的问题上，一丝不苟、精益求精，这种性格特点就是蓝色。

黄色性格人如，石油大王洛克菲勒教他的孙子做生意，他对孙子说："阁楼上有个百宝箱，你把它取下来。"正当他的孙子登着梯子伸手要拿箱子的时候，洛克菲勒把梯子撤了，孩子摔了下来，哇哇大哭。洛克菲勒冷静地说："今天就是我给你上的第一课，就是告诉你，不要相信任何人，包括你的爷爷！"洛克菲勒就属于典型的黄色性格。黄色性格注重目标和结果，很强势。他们在教育孩子时也往往直截了当：不跟你废话。你自己尝到苦头，就会"长记性"。

性格没有好坏对错之分

性格没有好坏对错之分。性格并不能决定命运，真正决定人命运的是个性。性格是天生的，而个性是后天养成的。性格也没有单一颜色的，往往红黄蓝绿兼有，只不过某个颜色在你的性格中，会起主导作用。

相比之下，绿色性格的人是四种性格中最没有上进心的人，又懒性子又慢，和这个社会不合时宜。但是，在这四种性格中，幸福指数最高的却是绿色。你听说过永远不吵架的夫妻吗？有人说不可能，其实完全有可能，这就是"绿"夫"绿"妻。形容夫妻恩爱的"举案齐眉""相敬如宾"，就是指这种夫妻。

当你有痛苦烦恼需要倾诉时，红色会"以泪洗泪"：你向他倾诉，他马上反倾诉给你；黄色会"以声去泪"：你向他倾诉，他立刻打断你的话，开始讲很多道理；蓝色则是"以死殉泪"：你向蓝色倾诉，他们会给予你安慰与帮助，但他们自己接受了太多负面信息后，也会沉溺其中，难以自拔；只有绿色，是最佳的倾听者，会和颜悦色地和你同喜同悲，事后便会及时地把负面的信息排泄掉，可谓"超级情绪垃圾桶"。

看透自己，洞察他人

不同性格的人有差异，在和不同性格的人相处时能够理解对方，才能使自己的人际关系顺畅。性格色彩最大的功能有四个：洞见、洞察、修炼和影响。

一、洞见。发现真正的自我，彻底明白"我是谁"这个问题。了解了性格色彩的特点，你就有了一面可以看清自己的镜子，清楚地知道自己眼中的自己，和别人眼中的自己为何有所不同。

二、洞察。当他人身上四种不同的性格特点明显混淆时，能准确区分他们真正的性格和表面的假象。所有人与人交往中产生的隔阂和不理解，便有了一条快速疏通的通道，帮助你以让人感到舒服的方式，处理人际关系中的矛盾与冲突。

三、修炼。改掉自己的缺点，拓展自己本身缺少的力量，让自己的性格能做到四色的平衡。每个人天性中都有不为人知的优势和潜在的局限性，你有办法痛改自己的缺点，学习别人的长处，便可做更好的自己。

四、影响。用不同的方式去搞定不同性格的人，与任何人都能和谐地相处。影响力是一种人际关系的吸引力，了解性格色彩，可以让你迅速进入自我及他人的内心世界，在工作团队和个人生活圈子中更具影响力。

人人都是好人，但好人和好人未必能好好过一辈子。因为大家对好的定义不一样，彼此给好的方式也未必是对方想要的。所以，我对你这么好，你怎么可以这样呢?"了解了性格色彩，就能帮你看透自己，洞察他人，修炼个性，找准开启人际关系的每一把钥匙，与不同性格的人和谐相处，从而改善生活，活得更快乐。

（闵利平）

善待自己的最高境界

在人生的旅途上，一路走来，我们需要定期打开行囊，减轻重量，然后继续前进。在这个行囊中，需要珍存的是美好的一切，而应该放弃的就是不快乐的记忆。许多人终其一生，也不肯忘怀他人有意或无意中对自己造成的心灵伤害，久而久之，这些就成为精神负担。背负着沉重的心灵负荷，人生岂能快乐。

美国著名的心理学家威廉·詹姆斯说："我们这一代最重大的发现是，人能改变心态，从而改变自己的一生。"的确，人生的成功或失败，幸福或坎坷，快乐或悲伤，有相当一部分是由人自己的心态造成的。

我们有时可以跨越前进路上的一切障碍，却无法摧毁那道厚厚的心墙。其实，人的心态是随时随地可以转化的。一个人心里想的是快乐的事，他就会变得快乐；心里想的是伤心的事，心情就会变得灰暗。

于不断的反思中，学会放下，就是人生的必修课。对自己说，人生于世，只要无愧于心，那么，宁静的生活，就是一个人所能够获得的最好的生活。释放心灵的重负，忘却那些应该被淡忘的人与事，是一种快乐。人生的路上，应该云淡风轻。

原来，善待自己的最高境界，就是原谅别人。一个人，只有从内心深处原谅了别人，才算是真正地善待自己。

（夏爱华）

你想出名吗？

"出名要趁早。"这句话是天才女作家张爱玲说的。她确实做到了。从二十多岁用文字惊艳上海滩，直到占据中国现代文学史上一个显赫的位置，她所用的时间实在算不上很长。

更多的人则没有她的幸运了。芸芸众生，人海茫茫，要做到鹤立鸡群着实不易。若真想让人仰视，天生个儿高的还凑合，先天条件差些的，非但要穿上增高鞋，还得准备好头饰、彩带之类披挂上阵，最好再装个扩音器助助声势，颇为辛苦。即便如此，在嘈杂之中，也未必能做到一鸣惊人。

既然又辛苦又不易，为什么还有那么多人哭着喊着想出名呢？

按美国著名心理学家马斯洛的理论，人的需求分五个层次，生理需求是最低级的。当生存有了保障之后，人就会产生顺着台阶一格一格往上攀爬的欲望。越往上，可以得到越多的尊重和自我实现的满足。

可见，想出名并非如很多人所理解的，仅仅是受功利的驱使那么简单，它乃是受人类有理想、有追求的天性所操纵。功成名就的人，可以站在高高的台阶上，遥望来路，回顾攀登之艰辛，感受一览众山小的欣慰，也不失为人生的一大乐事。

然而出名这件事，还真不是想出就能出的，天时地利人和，缺一不可。所以有人喜悦着，有人沮丧着，有人痛苦着，有人无奈着。而这世界，恰恰因为有了这许多阴差阳错，才会悬念迭出，异彩纷呈；有些淡泊超脱、视功名如粪土的，偏偏名满天下，名气大得压也压不住，粉丝多得赶也赶不走；有些心高气傲、追名逐利一辈子的，终了却发现如竹篮打水，打进来多少，漏出去多少，什么都没留下；有些智慧超群、才情卓绝的，却苦于高山流水难觅知音，只能孤芳自赏，聊以自慰；有些爱慕虚荣、沽名钓誉的，尽管钓不到大鱼，但偶有小鱼小虾上钩，竟也能自得其乐，让小小的虚荣心得到些满足。

而人生的本质，其实就隐藏在这些过程中，让你或饶有趣味、或心有不甘、或悲喜交集地走在路上，骨感的人生就因为这些纠纠结结的插曲变得丰满起来。

如此说来，想出名并没有错，这跟想工作、想结婚、想生孩子、想画画、想钓鱼、想旅游一样，只是追求人生乐趣的一种方式而已。

所以，关于出名这个问题，关键并不在于想不想出名，也不在于有没有出名，而在于因为什么而出名。做人要做到香气扑鼻、万世流芳固然不易，但以臭取胜，这样的名，不出也罢。

（立夏）

晃一晃道德的扑满

　　扑满，储钱罐。维基百科上面的解释是：扑满是储存硬币的容器。旧时的扑满除了顶端用于投入硬币的狭长小缝外，别无其他出入口，如果真的要用里面的钱，就必须打破它。现在的扑满多在底部开有小洞，并用橡胶封住，以便将钱取出。

　　我第一次知道扑满这个词，是在一本杂志上面看到的。具体是哪一本，因为时间久远，已经忘记了。文章讲的是一个人在他很穷困的时候靠扑满中的零钱维持了一段生活，解了燃眉之急，救了自己一命。后来，一个大学毕业生来请教他，说："我大学毕业以后，一直找不到工作，如果再这样下去，我就会饿死。您可以给我点儿建议吗？"这个人说："首先，你要看看扑满里面存放了什么样的硬币。也就是说，你做过些什么。上学期间做没做过兼职，有没有过工作经验。如果有经验，你再去做，就会驾轻就熟，等稳定下来以后再考虑到适合自己的公司去工作。"

　　文章的结尾我不说想必大家也知道——这位大学生找到了工作，然后跳槽到了自己想去的公司，生活渐渐有了起色。

在生活中，我们也应该时常查看一下自己的扑满，看看我们有些什么。诚然，打碎经验的扑满可以救人于水火，可是还有一个扑满，是我们时时刻刻都在向里面投币，自己却时常感觉不到的，这就是储蓄道德的扑满，或者说，里面储蓄的是我们对待这个世界的价值观。

我们每时每刻都在向里面"存钱"，存放的是规格、面值相同的"硬币"：没有大小之分，也没有贵贱之别。可能唯一的区别就是年份不同。

这个扑满一直都在，从出生一直伴随到我们死亡。可是我们往往忘记去晃一晃，看看里面存放了多少"硬币"，又有多长时间没去存放过。人们常常会忽视它，遗忘它，原因可能是"善小不为，恶小为之"。

朋友给我讲过一件事，说的是一个人路过一家正在搞活动的店面，店门口有个充气拱门，他拿手中的烟头去烫这个拱门，结果充满气体的拱门爆炸，此人手臂被炸飞，造成终身残疾。

听到这件事以后，我想起了一句俗语："善有善报，恶有恶报；不是不报，时候未到。"这让我感叹古人诚不欺我的同时，也让我头皮发麻。曾经我也不止一次地动过类似的念头，可能是我良心发现，怕给别人造成损失；也可能是我一向疲懒，终于没有做过。不曾想到的是，我帮别人"省钱"的同时、也救了我自己。

常常将心中的道德扑满拿出来晃一晃，看看我们在里面存放了多少，不仅能在道德行为上给我们以指引，更能在做人处世方面给我们以警醒，使我们走好人生的每一步。

（陈稚）

你好，再见

朋友带来票，说有大师讲座，内容是关于说话的，请我一起去。

只见大师走上讲台，未曾开言，先在黑板上写下四个大字：你好！再见！

这四个字，就是他要讲的第一课。会场有些骚动，不少人交头接耳。如此简单的问候语，竟要长篇大论当学问讲？

大师笑笑，神态笃定，说，当然有很大的不同，仅从"你好"这二字上，就有很多不同。有热情主动的、敷衍了事的、坦然面对的、紧张抗拒的。"再见"呢，也有不同，惊鸿一瞥的、反复回头的、高高在上的、平静如水的……

这些不同的方式，应对着不同的眼神、动作和语气，给人留下的印象也各有不同。当然，最后的承受方，却是说话者本人，是受人欢迎呢，还是令人反感呢？是被人拥护呢，还是遭人漠视呢？别看只是两个字的小小问候语，要说到位、说得好，却不是一件容易的事儿。

不过，在我听来，大师的这一番话，却有着更深的含义。

除了每天遇见不同的人，更多的时候，我们遇见的，其实是各种各样的事。与人打交道的方式，用在面对杂事上，应该是一门更深的学问。对应到大师对"你好""再见"的解释，是不是也能看出一个人，面对人生琐事的态度呢？

一些人生的困境，往往并不是因解决问题不尽力而造成的窘境，而是一开始就太过用力，在对事情还没有完全了解清楚的情况下，就要紧紧拥抱、抓住不放。比方有朋友做生意，仅凭热情，就过多投入，结果被深度套牢，一无所获。

用敷衍了事的方法去面对难事呢，人生则会留下更多的遗憾。敷衍了事的态度，会使人失去改正向上的机会。从小到大，我们可能都见过类似的人，碰到工作学习上的问题，总喜欢用无所谓的态度去搪塞，只要能蒙混过关就可以。几年下来，不仅学问上差同窗一大截，人品上也失去同伴的尊重和信服。

紧张抗拒的，则是一种公然逃避。这种人，向人问好时，眼睛常常难得与人对视，握手乏力、言谈空洞。遇到难题时，更是因自卑而无力面对。不管事大事小，先摆出一副撇清的姿态，或是动不动就拂袖而去，做清高脱俗状。

当然，和大师最推崇的一样，坦然面对型，是一种最好的处事之道。当一个人能用一种坦白、自然、朴素、随和的表情语气，向他人问好时，遇到人生难题，他的态度，也将会非常地有君子之范。

至于说"再见"的不同方式，则常常能看出人们处理事情的能力。

所谓惊鸿一瞥，说的是告别时，不够从容，也不够礼貌，总是匆匆忙忙，一闪而过。这样的性格，会给人轻飘之感，此种心境下对事情的处理，则会因为追求风光，显得轻浮。

高高在上型，其实是一种自卑的表现。对人目空一切，对事则会心怀偏见。矛头之所以指向别人，往往是因为其人内心懦弱。

人们打心眼里赞同的，多是平静如水的类型。在这样的人身上，一声"再见"，也会说得简单而空灵，淡泊而宁静，它从不刻意制造迫不及待再相逢的气势，也不渲染酒肉财色的相吸，更不会放纵情感交融的亲密无间。

人生，说穿了，不就是一场又一场的相遇与告别吗？

一声"你好"，一声"再见"，绝不是小小的问候语那么简单，由声观心，常常能看到不同的心境和性格。

有没有遇到事，就会心生逃避？那么在与人交往时，是否一直不够自信？

有没有纠缠放不下一段感情，再见二字，说了无数遍，却一次次沦陷伤心？究其原因，会不会只是因为对人情世故，从来没有过淡然的心境？

面对——放下，是我们一生都要学习的功课。看似简单，可要做得好做得妙，还非得从"你好""再见"开始学起呢，

（夏景）

职场智慧

　　两个月前，刘波看自己所在的公司前景不佳，就从这个公司辞职了。

　　辞职后的刘波发现适合自己的销售工作并不如他当初想象的那么好找，就这样高不成低不就地晃悠了半个月。在随后的一次大学同学聚会上，同学陈强推荐刘波到他所在的公司："到我们公司来吧，反正咱们都是同一个行业的，你也算是很有工作经验的销售人员了，再加上我的引荐，估计没有问题。"陈强是这家公司的销售经理，因而在老总面前说话很有分量。

　　陈强把刘波引荐到公司，老总确实很给陈强面子，亲自接见了刘波。

　　老总对刘波以前工作的公司很感兴趣，他微笑着问："你们公司生意做得那么大，市场占有率那么高，你为什么还要跳槽呢？"看着老总期待的目光，刘波感觉这是个与老总套近乎的好机会，于是就推心置腹地说："其实我们以前那个公司，资金流非常紧张。老总为了多占领市场，对各地经销商的苛刻条件一般都答应。经销商拿捏住我们老总想多占领市场的心理，于是在投其所好的同时却迟迟不把货款打来。所以，我们以前的公司虽然表面风光，但是利润实在很低，并且回款率不好。据我所知，连60％的回款率都没有，感觉很多账最终会成为呆账、死账！"老总听到这些，吃惊得张大嘴巴，这些情况是他完全没有意料到的，他只看到对方产品在市场上的占有率很高，却没有想到利润、回款率很低、不合理的费用这么高。

见到老总这么吃惊，刘波非常高兴，觉得自己给老总提供了一个非常重要的信息，以后应该能得到老总的信任。

但是，让刘波迷惑的是，聊完这个事情以后，老总居然失去了与他谈话的兴趣，碰巧这时陈强进来了，老总皱着眉头对陈强说："既然是你亲自介绍的，那就留下工作吧。"

刘波刚刚上了一个多月的班，公司在西北的一家办事处就出现了员工携款潜逃的事情。公司立即报警。

没有想到，出现这个事情的第二天，刘波居然接到了辞退通知，弄得他一头雾水，因为自己业绩不错，公司没有理由解雇自己呀。

陈强也感觉非常纳闷，他亲自去找老总问个究竟。从老总办公室出来后，陈强叹息说："你刚来的时候，我忘记告诉你了，就是不能泄露你们公司以前的商业机密。老总刚才和我说，其实是看在我的面子上，才留下你的，但是自从留下你后，他心里从来没有踏实过，因为每个公司都有商业机密或者内部的一些问题，老总是担心你泄秘，影响公司的声誉。西北办事处出事了，老总现在彻底后悔留用你了，感觉你会泄密，留下你越久，你知道的就会越多。于是，长痛不如短痛，决定解雇你。老总让我转告你，公司会给你一定的补偿，但是，希望你能接受职场教训，出去后不要乱说……"

刘波听了后，内心非常悔恨：自己怎么会犯下这样的错误呢？自己不是故意破坏前公司名誉的。"前份工作不是当卧底，离开后，不要提以前公司里的任何机密。"在黯然离开的路上，刘波心中一直这么默默地告诫自己。

（张颖异）

知止者智

　　在我们从小所受的教育中，无论是父母、老师，还是工作以后的领导，总是教育我们要不断进取、知难而进，生命不息奋斗不止。

　　进取，是一个人走向成功必须具备的一种精神。人生如逆水行舟，不进则退。落后则要挨打。老虎捕猎，总是专拣掉队的动物。赛跑，只有跑得最快的才能得冠军，才叫成功。

　　那么，是否人生的一切事情，只有进才能成功呢？其实不是。止，有时也是成功的重要因素，没有人教育我们怎样知止。进，需要的是勇气和一种精神，而止，需要的却是智慧。

　　止，在我们的生活中是无所不在的，只是人们常常会忽略它。比如我们开车，刹车是不能没有的，因为有了刹车，我们才能进止自如，安全前进。同样，在我们的生活中，时时、处处、事事，都有个行与止的问题。无论做什么事情，都有一个度，过度了，过头了，事情便会发生质的变化，甚至走向反面。人们常说：三分帮人真帮人，七分帮人害了人。这就是说，做好事也不能做过了头。

　　《大学》说：为人君，止于仁；为人臣，止于敬；为人子，止于孝；为人父，止于慈；与国人交，止于信。知止，反映了一个人的淡定与从容，是智慧、修养、道德的综合体现。知止，方能面对诱惑而保持本色，天崩于前而不乱，地陷于后而不惊！

知止者大智，大智者不言智。大智者不炫富、不扬威、不滥权，大智者亦止于智，这就是说，智也不可滥用。有句俗话：聪明反被聪明误，就是这个意思。智，也要适可而止。

什么时候当止？先哲早就教导我们：适可而止。但这没有量化标准，许多人无法掌握什么是"适"？所以，这就要靠一个人平时的修养，靠人生经验的积累，靠一个人的智慧来判断。举个简单的例子：悬崖勒马。这就是"适"，往前一步，会坠入深渊，粉身碎骨。勒马止步，便会平安无事。

有些人，与人产生了纠纷，本来是很有理的，可是，因为得理不饶人，不懂得适可而止，反而让人反感。有些人，才华太露，遭人妒忌，往往无故受敌。有些人炫富，结果引来杀身之祸。

人与人相处，应当保持适当的距离。银行有个一米线，那个距离便是安全线。朋友之间、夫妻之间、同事之间与领导之间，都应保持适当的距离。不知止步，走得太近，看到不该看的事情，知道了不该知道的东西，就会生信任危机，遭人疑忌、被人防范，反而不美。

当今社会，知止者似乎少了。那些受贿贪污几千万甚至上亿的官员们，是不知止也；那些为争权不惜动用黑社会，甚至疯狂到白刀子进红刀子出的官员们，是不知止也；那些为了政绩，不惜野蛮拆迁的官员们，是不知止也；那些为了提拔，弄虚作假、虚报浮夸者，是不知止也。凡不知止者，都是被欲望冲昏了头脑，不知止者为不智，不智即是愚蠢，愚蠢者只会做蠢事。

知止，其实也不是那么深奥。用权，止于法。我们有党纪、政纪，有国法，怎么止，说得很明白。取利，止于义。君子爱财，取之有道，不义之财莫伸手。爱情，止于忠。只要爱情忠贞，便不会情令智昏，做出身败名裂的事情来。

知止，首先要知足。不知足便难知止。知止，才能平安；知止，才能淡定；知止，才能快乐；知止，才能获得更大的成功。智者知止，知止者智。

（陈国江）

学会使用"对不起"

　　人们在社会中生活，相互之间发生一些磕碰是难免的。其中，有不少往往是始于一些鸡毛蒜皮的事，诸如骑车不留神碰到他人，浇花不注意水滴到楼下晾晒的衣服上，走路不小心踩了别人的脚……一旦发生磕碰，有的人不管有理没理，便大肆训斥、谩骂、争吵，甚至大打出手；而有的人却能"先发制人"，说声"对不起"表示个歉意，于是双方怒消气散，"一笑泯恩仇"。

　　"对不起"三个字，听起来平平常常，但在处理人际关系时却有着奇特的作用。有了过失或误会，由衷地向对方说声"对不起"，它显示了一个人高尚品格和可贵的情操，用道德的力量感化人，远比唇枪舌剑对人的教育效果好得多；它体现了人与人之间的新型社会关系，使得互相尊重、互相谅解、彼此谦让增添了新的内容，让人们从中感受到社会的温暖，使人际关系变得更加和谐、融洽；它能使强者低头，弱者宽慰，使怒气消散，心平气和，令人产生反响，增进互相的感情共鸣与交流。反之，有了过失或误会，双方斤斤计较，各不相让，以至剑拔弩张，拳脚相见，本来是鸡毛蒜皮的事，就有可能使矛盾升级，导致人与人、户与户、单位与单位之间的关系紧张，有的甚至酿成悲剧，遗恨终生。

"对不起"是人类美好的语言，其能量不可低估。在一些无谓的冲突中，如果每一个人都能先说一声"对不起"，就是得理也让人三分，我想，这对促进精神文明建设将大有裨益。愿社会上人人都注意生活中出现的磕碰小事并认真处理好这些小事，用"对不起"的力量化解矛盾、"治疗"碰撞，让世人从我们使用"对不起"的行动中看到一个人的高尚品格，看到一个社会的时代精神，感受到一份社会主义精神文明的温馨。

希望每个人都学会使用"对不起"。

（贾观逊）

普通人创造的人生定律

亨特定律增添一条多余的理由，只能减弱其他理由的说服力。

蒙贝尔定律如果一个人能够在恰当的地方和恰当的时候感到脸红，那么，许多麻烦就可迎刃而解。

哈伯特定律你加在别人身上的担子越重，你自己身上的压力也越大。

洛桑定律从伟大到渺小只需跨出小小的一步，而如果想从渺小回到伟大则往往无路可走。

迈克森定律倘若你不是由于健忘而说不出你的某个朋友有什么优点，几乎可以肯定那人不是你真正的朋友。

罗伯特定律健康可以创造财富，但财富却未必能创造健康。

哈里森定律成熟意味着不会被自己所欺骗——虽然还有可能上别人的当。

费定定律真诚，并不意味着必须要指责别人的缺点，而是指决不恭维别人的缺点。

金凯定律与人为善，并不是为了得到回报，而是为了让自己活得更快活。

奥涅克定律人们之所以喜欢将赞美的语言送给死者，那是因为死者已没有办法再与他们竞争了。

哈伯特定律一个人如果能使自己永远保持微笑已属难得；但他如果还能使他人保持微笑，那就可以算得上是伟大了。

吉姆霍姆定律任何事情都不会坏到无法逆转的程度。

（王钻又）

补丁与肥缺

　　福州市建委计划科科长林炳熙，在福州市道路修建指挥部上任6年，任长乐国际机场场道部经理3年，手中有工程发放权、质量检验权和工程审批权，从他手中发出的工程款达9亿元之巨。在常人的心目中，他的职位是个肥缺，但令人震惊的是：他去世时医生为他更衣时发现，在他的内衣裤上竟有不少补丁，仅他的短裤上就有七块补丁！

　　林炳熙夫妻俩月工资700多元，上有老下有小，生活拮据，其70多岁的父亲帮人打小工、拉板车挣钱糊口，而他从未沾过工程的一分钱"便宜"。这使人想起孔繁森，他两次进藏，倾其所有奉献给藏族同胞，甚至不惜献出鲜血。他的西装上也打了补丁，遇难时身上仅有8元6角钱。孔繁森是地委书记，也是"大官"了，却还"一贫如洗"。

　　权力应该是为人民服务的工具，而不应成为攫取私利的手段。孔繁森、林炳熙等真正的共产党人，都能以天下为己任，慎待手中权，"绝非分之想，拒非分之物"，勤政廉政，大公无私，鞠躬尽瘁，死而后已。而胡建学、卢卫东之流，放弃了世界观的改造，背离了党的宗旨，不择手段，以权谋私，滑入罪恶的深渊。要自觉接受党和人民的监督，经受住权力、金钱、美色的考验。

董必武同志有一句名言："我是一块补补丁用的布头，党和人民只要需要，把我补在什么地方我都乐意。"毫无自私自利之心，默默牺牲，无私奉献，每个共产党人都应成为一块闪光的"补丁"。而在物欲横流的今天，一些把权力据为己有，把职位视为肥缺的"领导"，对自己破碎的灵魂该不该拿起缝补的针线？

（崔鹤同　李端军）

庞统为何"面试"失败？

《三国演义》中的庞统，经历过两次不成功的"面试"。

第一次是在孙权那里。周瑜死后，鲁肃深感难以胜任其职，特向孙权推荐庞统，言其才能过人，孙权促请相见。一见庞统形容古怪，孙心中不悦。便直入正题，试其学问。问到平生所学，何以为主时，庞答曰："不必拘泥，随机应变。"又问其才华与周瑜相比如何。庞又答曰："所学与周大不相同。"孙顿觉庞统有轻视周瑜之意，更是不悦，便以"待用时再请"而辞之。这次"面试"便以失败告终。第二次面试，是紧接东吴碰壁之后，诸葛亮料孙权必不用庞统，以书信一封向刘备引荐，此时的鲁肃也修书暗示庞统去找刘备。殊不知接见庞统的刘备，见其相貌不扬，又长揖不拜，直言快语，也心中不喜，只打发他作了个来阳县令，两度失败使得这位有经天纬地之才的凤雏先生一时难展抱负。

庞统两次"面试"失败，原因是双方面的。庞统虽才华出众，有远见卓识，但过于自信，不能客观地分析自己，又不分场合、不受拘束、不修边幅、恃才傲物，特别是不接受在孙权那里碰壁之教训，第二次在刘备面前又依然如故，以致一再地遭到冷落，他应负主观的责任。然而，孙权、刘备也有错误之处。孙权虽有举贤任能之美名，但在对待任用庞统问题上却鼠目寸光，一叶障目，不见泰山，尤其在他拒庞之后，鲁肃又一再劝纳的情况下，还不假思索地发誓不用此人，更是不该出现在他这个明主身上。刘备虽令庞统作了个小小县令，看来好于孙权，其实，他不做调查，主观臆断，以貌取人，随便弃用，也犯了与孙权同样的错误。当然，刘备后来认识到自己的失误，亲派张飞请回庞统，下阶认错，拜他为副军事中郎，应另当别论。

从庞统两次"面试"失败的教训中，我们可以悟出两条经验来。一是凡有才能之士，不能像庞统那样狂傲成性，而要谦虚谨慎，有自知之明，要懂得礼貌，注重良好的交谈气氛和人际关系，使自己的长处更长；二是作为领导者在录用人才时，应坚持实事求是，重视人才的真才实学，不能像孙权、刘备对待庞统那样，以貌取人，感情用事，而要做到既求贤若渴，又不敷衍塞责；既重德重才，又不求全责备。这样才能避免埋没人才，匡正用人之道。

（王厚成）

不可缺少的"三话"

不妨多说些"好话"

常言道："良言一句三冬暖，恶语半句六月寒。"现实生活的经验告诉我们，人总是爱听好话的，特别是当一个人做了好事或给予别人帮助之后，一般都希望能得到别人肯定性评价或赞美感激的话，即所谓"好话"。

心理学认为，说"好话"是一种容易引起人们喜悦、激动、好感的交往形式。由于受某种误导，有的人不加分析地把说"好话"与拍马屁、阿谀奉承混为一谈，他们不太情愿给予别人哪怕丁点儿阳光般温暖的赞扬，从不轻易说好话。与此相反，有的人则不分时间场合、不看对象，不管是否合适，滥说"好话"，以至"好话"说过了头。这都是不可取的。希望自己的劳动成果得到别人的青睐，希望自己的人格尊严得到别人的尊重，希望自己的言行举止得到别人的喜欢，这些心理是人人都有的，而这都离不开"好话"来实现。因此，善于真诚地而不是虚假地赞扬别人，多说点"好话"，就成了人际交往的一种艺术了。笔者就有这样切身的体验：一次，妻提前下班回家，洗了满满两桶衣服，彻底打扫了室内外卫生，还做了一桌可口的饭菜。我一回到家，见到这一切，感激、赞美之情油然而生，说道："辛苦了，嘉奖一次！"接着尝了尝其中一道菜："嗯，味道不错！"听了我的一番赞扬，妻笑了："谁稀罕你的恭维话！"本来已是很劳累的妻，听了我的几句好话，也不觉得累了。如果不是这样，换句不热不冷的话或缄口不言，那效果就可想而知了。

为什么说"好话"中听，使人易于接受，能收到意想不到的效果呢？这是因为：

第一，"好话"能平衡人的心理，使付出得到回报。费力不讨好总使人感到不是滋味。如果人虽然吃了苦受了累，但结果是甜的、美的、舒心的，也就认了。体力上或物质上的付出，得到了心理上或精神上的补偿，就达到了心理上的平衡。

第二，"好话"能满足人的情感需求，使人与人之间的距离缩短。你出了力，做了好事或给别人某种方便，别人夸奖几句，你会感到高兴，觉得别人尊重你感激你。人的情感就这样在真诚的"好话"中不断得到满足，进而缩短彼此间的距离。

第三，"好话"能抚慰人的心灵，使人的情绪得到镇定。人在辛苦、紧张的时候，容易急躁烦恼，若遇不顺心的事，更容易上火，这时听到几句"好话"，情绪就能有效地控制。许多正在吵架的人，当听到别人规劝或"好话"后往往"气消心静"，不正说明这个道理吗？

人都有值得称道的地方，讲好话，把别人值得称道的地方恰到好处地说出来，就会收到意想不到的效果，何乐不为？这是人际交往的"窍门"。不过要注意的是，"好话"必须有客观的内容，讲得要合时、合地、合人。否则，"好话"也会叫人听了不自在，甚至会认为是讽刺挖苦。

因时因事说点"谎话"

说谎，就是说假话。一般说来，说谎是不诚实的表现，是一种不良品质。人们在教育孩子的时候，总是告诫孩子要诚实，不要说谎。人可以做到一时一事不说谎，但不能保证一辈子不说谎，这绝对做不到，也没有必要。从某种意义上讲，人就是兼说谎与诚实于一体的。我们主张诚实，强调具体情况具体分析，不一概反对特定情况下的说谎。在特定场合说谎，不仅需要而且应该，甚至可以说是人际交往的一种为人们所理解和接受的手段。

请记住，说谎的一个前提必须是利他的，而不是利己的。谎话可分为善意和调侃等多种，说时一定要掌握好时机和场合。

有时不妨说点善意的"谎话"。这种谎话，出于对别人利益的考虑，从善良的愿望出发，对他人有益无害。例如，对癌症患者撒谎说不是癌，以免病人受到刺激，使病情恶化；对生病的孩子说药不苦，是为了让孩子把药吃下去，治好病；对老人说他长得年轻，能满足他的心理需要，让他生活得更开心。

有时可以说点应急的谎话。以利人为目的或者是为成人之美，或者是为宽人之心，或者是避人之嫌说一些应急的谎话，有利于人际交往。比如你恰好要办一件要紧的事情，这时突然接到朋友邀请，你只好找借口婉拒朋友之邀了。在不破坏朋友的情绪的原则下，以说谎作为拒绝的手段，是允许的。客人的孩子摔坏了主人的碗，主人却说"没关系，旧的不去新的不来，正好该买新的了"，其实未必就是说碗摔得好，不过是为了减轻客人的心理压力而已。

社交中的谎话，在社会生活中起着润滑剂的作用，适当地运用有益无害。

有时也需要说点"废话"

一般说，人们讨厌"废话"，因为废话内容早已为人所知，再说已成多余。但人们不能绝对消灭废话。其实，除了哑巴，谁也免不了要说废话。熟人见面问一句好，客人来访先寒暄几句，家人见面总要重复讲一些家常话，这大都是重复了百十遍的废话。

说话简略还是详细，用社会学的术语来表达叫作"冗长度"。重复啰唆就是一般说的冗长度大，它不增加任何语言内容，却能表达语气，增加听的效果。冗长度大的"废话"是客观存在的，是人际交往中不可缺少的。至于夫妻之间更是离不开"废话"来倾诉柔情蜜意。蜜月中百听不厌的恐怕就是那句大废话"我爱你"，以后这种废话日渐减少，但过少甚至没有这种废话，只剩下干巴巴的大实话，夫妻关系恐怕也不妙。

夫妻要避免感情危机，就要多讲点温存的"废话"。比如，妻丢了钱包，做丈夫的如果说："都怪你不小心！"恐怕要伤妻子心，相反讲点废话："丢了就丢了（当然只能是丢了），只当生病吃药了，只当打麻将输了。"妻当然知道说这些不可能把丢失的钱找回来，但这废话却"真情似水，废话似金"，对妻该是多么大的安慰，她自然会吸取教训，今后倍加小心。人们相互间的一些废话是传递感情、信任和尊重的信息波，多了令人生厌，少了也不妙。总之，要根据个性、情境等诸因素确定说什么怎么说，问题的关键是要掌握好"度"。而这往往是比较难的。

（郑经杰）

可怕的"情绪效应"

  都说他是一个好人，整天笑呵呵的，待人接物也和善。同事们都喜欢与他打交道。公司搞竞聘，群众票将他推选到部长的职位。匪夷所思的是，他的性格大变。最传奇的一次事件是，在他搬入部长办公室的第二天，楼层的保洁阿姨掩面从他的办公室流泪而出。"圈内"流传的版本是，阿姨在打扫办公室时，不小心弄翻了他的茶水，他突然情绪失控，在办公室狂躁地叫骂。旁边打字室里的小姑娘也听到从部长办公室传出来的"共鸣"，可见当时这位新上任的部长是多么生气。

  周五部室要开例会，副部长送上一份营销计划书，他看了一下，说这个方案不错，但有几个地方需要完善。他开始说怎样进行完善，说着说着，情绪开始激动起来，声音越来越快，越来越急，手指不停地在桌面上敲击着，频率越来越快，越来越响。本来只是一个需要改善的方案，只过了几分钟，这个方案已经变得一无是处了。莫名其妙。

  这样一个好人，几乎是在一夜之间变成了一个喜怒无常的人。

他的同事分析，一个升职怎么可以将一个人改变得如此巨大。有位喜读二月河小说的同事，他分析认为，所有皇帝成为皇帝前，都是温顺的羔羊。一旦黄袍加身，就会喜怒无常，变成一个情绪化的人，这就是权力和人性的副产品。权力和人性肯定是有副产品的。如果没有修养，没有一股超然的静气，人的情绪就会被权力挟持，变成一头狂兽一样四处奔突，伤害别人也伤害自己。

　　美国生理学家爱尔马有一个著名的"情绪效应"实验，爱尔马找了许多人，将他们在心平气和时呼出的"气水"放入有关化验水中沉淀，颜色是无色透明的；当他们悲痛时呼出的"气水"沉淀后却是白色的；当他们悔恨时呼出的"气水"沉淀后变为蛋白色；他们生气时呼出的"气水"沉淀后为紫色。爱尔马后来把紫色的"气水"注入小白鼠身上，不久，小白鼠失去了活力，最后竟然死了。爱尔马的"情绪效应"实验非常有意思，他用实例告诉人们，悲痛、悔恨、生气等坏情绪可以夺走生命。

　　而如果你是一家单位管理者，那么不注重控制你的情绪，不仅会让员工如履薄冰，而且会导致决策失误。浙江的金义集团董事长陈金义曾名噪一时。2000年，他以8000万美元的身家位列福布斯中国内地富豪榜第35位。可是企业还是垮了，原因是陈金义决策了一个水变油的没有前途的项目。在决策过程中，公司里的高管为什么没有阻止？金义集团一位高管说，集团管理层不停地更换，很多优秀的博士、海归人员在金义集团没待多久就黯然离开，"他需要的不是人才，而是必须要听他的话的人。"这可以让人想象他在公司里已经没有了必要的清醒，他的决策就难免带有情绪化。生活中可以有"性情中人"，但是在商海中，你有多少"性情"，就可能有多少失败和伤害。

权力就像一味药，但药总是有副作用的，你如果不知道自我清毒，权力会成为一种慢性毒药，最后无可救药。

（流沙）

人生里最不合算的买卖

读大学的时候，曾经和朋友去苏州的园林里游玩。信奉逃票主义的我们，当然不肯从前门进入，而是兜来转去，寻到一处可以翻越过去的残墙。两个人费力跳下去的时候，被故意设置的铁丝网给绊住了，朋友划破了小腿，我的手臂也未能幸免于难，光荣地负了伤。但这并不是最气人的，当我们从疼痛中醒转过来，观察周围的地形时才发现，面前还有一堵更高的墙需要翻越过去。而墙的高度与其上安插的"机关"，已经超越了人工所能解决的范围。

两个人仰头看着顶上那一抹细长高远的蓝天，还有皇家园林古老但不失气派的城墙，突然间就失了那股子逃票走天下的气魄，还是臣服于皇家的森严戒备，原路返回，买票进入吧。

但就在我们重新爬上那堵破损的墙壁，准备探身跳下的时候，园林的警卫突然面无表情地走了过来，而且不偏不倚，在我们的下面仰起头来。也就在那一刻，我与朋友的心里充溢了深深的宿命之感，回望过去，似乎从那逃票的初始，便已经注定了我们要历经这样的荒诞与难堪。

这样歪门邪道的逃窜，我又制造过许多次。我曾经在老师点名后，偷偷在课间时逃走去看一场华丽的舞台剧。当我在偶有灯光扫到的观众席上，边嗑瓜子边听台上的男女主人公深情表白的时候，我不知道魔高一尺、道高一丈，老师正用上课时间，以测验的形式来应对中途退场的狡猾学生。而我这样自作聪明的人，当然是在学期末的时候被无情地判了不合格，不得不可怜兮兮地重新补考。

我的一位同窗是当时我们推举出的逃窜之王。而他最出名的则是一次又一次的逃爱事件。

他的逃爱功力年深日久，结了厚茧，刀枪刺入都不见血，而那被他厌倦甩掉的女子们也不是单纯到他一个眼神便可以一生回味的仙子。等到后来毕业之时，他历经重重磨难，成功应聘到一家私企，正待大展身手，却不幸在上班的第一天，在老板的办公室里，发现了其中一个深爱过他却被他无情逃掉的女孩。而这个女孩，则是老板最疼爱的宝贝女儿。这一次，他犹如一只仓皇过街的老鼠。

年轻的时候，这样的小伎俩充斥了我们大把花不完的雾一样的时光和重重萦绕着的生活。我们常常看不清那雾霭遮挡的路途，以为有千万条小径可以通幽，却不知，东逃西窜，竟是一次次误入那狭仄阴暗的死胡同。到最后，不得不后退到来时的路上，重新按部就班地寻那敞亮正途。

逃之夭夭，原本就是丢盔弃甲，是人生一场最不合算的买卖。

（安宁）

论"吾日三省吾身"

　　中华民族的道德传统中，十分重视个人的修养。古代思想家认为，"修身"是"齐家""治国""平天下"的基础和根本。这就是说，只有首先把自己的道德思想修养好了，才能谈到把"家"管理好；只有把"家"管理好了，才能把国家治理好；只有把国家治理好了，才能使天下得到太平。所以《大学》中说："身修而后家齐，家齐而后国治，国治而后天下平。白天子以致庶人，查是皆以修身为本。"所谓"查是"，就是"一切"的意思。从国家的最高统治者到一个普普通通的老百姓，都应当把"修身"放在最重要的地位。

　　孔子非常重视"内省""省身"和"内自讼"。他还强调，一个"君子"，应当"修己以敬，修己以安百姓"。他的学生曾参说："吾日三省吾身，为人谋而不忠乎，与朋友交而不信乎，传不习乎？"荀子也说："君子博学而日参省乎己，则知明而行无过矣。"说明了修身的重要。我国著名的陶行知先生也非常重视自己的修养，他生前的座右铭就是他自己的每日四问："一、我的身体有没有进步？二、我的学问有没有进步？三、我的工作有没有进步？四、我的道德有没有进步？"他的一生，也可以说就是在这种严格的自我修养中锻炼成长，成为中国身体力行的伟大教育家。在这"四问"中，他还特别重视道德的进步。他说："为什么要这样问？因为道德是做人的根本，根本一环，纵然你有一些学问和本领，也无甚用处。没有道德的人，学问和本领愈大，就能为非作恶愈大。所以我在不久前，就提出'人格防'来，要我们大家'建筑人格长城'，建筑人格长城的基础就是道德。"周恩来同志为了加强自身的修养，还专门规定了"我的修养要则"来时时勉励自己，他之所以能成为一个道德上极高尚的伟人，正是和他的努力修养分不开的。

没有修养就不可能有道德

一个人的道德，不是先天就有的，而是后天培育、修养和锻炼而成的。古人认为，一个人生下来，犹如一块未经雕琢过的"骨角"或一块原始的玉石一样，只有经过工匠的反复不断的"切磋琢磨"，才能成为有价值的珍品。古代的思想家们，在他们所编写的"蒙学"书籍《三字经》中，就告诫儿童说："玉不琢，不成器，人不学，不知义。"这就形象地说明，一个人的道德品质，就像一块没有雕琢过的璞玉一样，只有不断地通过学习和修养，才能知"义"，才能成为一个有道德的人。

中国古代的思想家们，不但强调道德修养的重要，而且如墨子、荀子、杨雄等，在他们的著作中，还写了有关"修身"的篇章，专门论述修身的重要。墨子说"本不固者，未必几"，认为一个人的道德，就像一棵树的根一样，如果根不牢固，那么它的枝叶（末）就一定要微弱而灭亡。他又说："源浊者，流不清。"认为自身的道德就像是水的源头一样，如果源头是浑浊的，那么它流出的所有的水也必然是浑浊的。荀子在他的《修身》中也说："志意修则骄富贵，道义重则轻王公，内省而外物轻焉。"意思是说，只有重视思想道德修养，才能够轻视名利富贵，只有重视道义，才能鄙视高官厚禄，只有加强修养，才能轻视物欲的引诱。《中庸》中也说"君子不可以不修身"，把修身看作是有道德的必要前提。

修养是一种斗争修养的过程，从实质上来说，是两种思想的斗争。古人已经认识到，道德上的修养，也就是善和恶之间的相互斗争和相互消长。古人认为，修养也就是"为善"和"去恶"，不断积累和发展"善"的品德，并以此去克服和消除"恶"的念头，一个人的道德品质就会不断提高。孔子说"见善如不及，见不善如探汤"，意思是，见到了善，就应当如追赶不上那样的急切心情，见到了恶，就像手伸进了滚烫的水中一样，赶快离开。汉代著名的思想家杨雄认为："人之性也，善恶混；修其善则为善人，修其恶则为恶人。"这就是说，既然善和恶都杂处于人的心中，并且互相影响，只有加强道德修养，才能使善战胜恶而成为一个有道德的善人，否则就会成为一个没有道德的恶人。古人认为，一个人在社会上生活，要受到各种"物欲"的引诱，容易被各种不正确的思想腐蚀。因此，加强自身的修养，就有着特别重要的意义。房子是要天天打扫的，不打扫就要积满了灰尘；脸是要天天洗的，不洗就会灰尘满面。同样，一个人的思想，也必须不断地进行锻炼和修养，才能够克服各种错误思想的侵袭而保持道德的纯洁，否则，在道德上就会倒退，就会堕落。

修养和"慎独"

在修养中，古人强调，只有达到了所谓"慎独"的境界，才能使自己的道德不断进步而不会因各种外物的引诱而变化。早在儒家的经典著作《礼记》的《大学》和《中庸》中，就强调"慎独"的重要。什么是"慎独"呢？"独者，人所不知而己所独知之也"；"慎"就是谨慎行事、严格要求。按照今天的话来说，"慎独"就是不论有人看见，还是没有人看见，特别是当一个人独处时，做任何事都要谨慎小心、严格要求自己，不做不道德的事。《中庸》说："君子戒慎乎其所不睹，恐惧乎其所不闻，莫见乎隐，莫显乎微，故君子慎其独也。"这里进一步强调，认为一个有道德的人和一个没有道德的人的根本区别，就在于他是不是能够"慎独"。一个没有道德的人，往往要掩盖自己的不道德的行为而故意显示他自身的"道德"。但是他的思想和行为，最终是不可能隐瞒的，也正由于此，一个有道德的人，总是力求在"慎独"上用功夫，使自己的道德能够通过修养而不断提高。

确实，在现实生活中，我们会看到，在大庭广众之下，一般来说，人们都能够遵守社会的道德规范，能够履行道德义务，但是，一到隐蔽的地方，一遇到只有自己"独知"而别人所不知的情况下，就容易做出不道德的事来。应当说，在人所共知的情况下，做有道德的事并不难，而在无人知道的情况下，做有道德的事，才是最难、最难的。

（罗国杰）

做人，决不能媚俗

当一部靓女俊男的老套爱情故事片受到万众顶礼之时，当一位香港大歌星的流行音乐独唱会门票飙升到千元一张之时，当上上下下的机构都以赢利赚钱为自己"发展"的最高目标时，当官本位和金钱被普遍当作衡量一个人价值的标准时……"自我"于是溃退了下来，它放弃了自身的精神家园，加入迎合粗俗、献媚世俗的行列之中，唯恐落伍，生怕吃亏，还美其名曰"与大众通俗文化接轨"。其实，所谓"通俗"只是遁词而已，媚俗才是真的，因为他们趋同的并非真正的通俗文化。正如作家李国文所言，那只是一种类似于粗俗陋态的名为"大城市中的小市民心态"的反映，它所给人的，"既是一种涌动的力量，又是一种可怕的惰性"。

面对这种侵蚀人的心性和人格，又来势汹涌的媚俗浪潮，还有人敢于树起独行特立的大旗，向它叫板、命它让步、逼它就范吗？

有。当然有。而且早在几千年前就有了。君不见，屈原在他的抗争世俗的苦斗中，在他为自己冰清玉洁的灵性抗争时，早就这样歌言其志了："吾不能变心而从俗兮，固将愁苦而终穷。"守护住纯净的节操，呵护好远大的志向，确实可能付出愁、苦、穷之类的代价；然而，为着立身处世的人格高标，也为着那个大写的"人"字，面对汹汹而来的俗气恶气浊气，我们依然要说：做人，决不能媚俗、从俗。

1.以豪气护卫正气，不向俗态低头

世俗之类的东西，往往是瞅准了人的某些弱点发起进攻的。一个人只要对自己抱有信心，并且不妨在性格里挟裹那么样一点儿狂傲之气，就有可能像李白一样，不仅有一股决不向世俗低头的硬气，更有一种傲视世俗的豪气，敢于在世人面前高唱道："我本楚狂人，风歌笑孔丘。"作家张扬就有这样的自信与豪气。80年代初他去广州，一次来到某外汇商店，脚还未跨进去，就被门卫粗暴地挡了回来。张扬不由得也跟着那门卫"张扬"起来，叱问："你们门上的牌子呢？"门卫诧异问何牌子，张扬答道："华人与狗不得入内！"后来他向人讲起这事，还愤而拍案道："当时，如果我有一支枪呀……"在不少人媚洋还唯恐不及的时候，哪里还敢"张扬"那凛凛然的自尊、自信与自傲的情感呢？而张扬则不然。因为他的心底时时储藏着一汪做人的自信与狂傲，因此，在面临世俗的丑态时，方才能在千百年来的等级森严、崇洋媚外的恶浊气氛之中，张扬出一片疾恶如仇的豪气与胆气，并护卫住自身的凛然正气了。

2.以大众呵护小我，不向俗态鞠躬

媚俗的另一种表现，是对于一己的所谓"精神家园"以及对于权势的过分关注与热衷；由此，一些人便形成了以自我利益为中心、唯我独尊的处世态度，而决不肯向大众这个"大我"投去一瞥关注。如果这样的媚己媚权之态成风，那么对权势的慑服与对大众的冷漠会同样与日俱增，最终也将泯灭了社会的良知。作家梁晓声针对"人人都关心自己的精神家园"现象，鲜明地提出："作家还要关注大众的精神家园问题。"想百姓之所想，急百姓之所急，忧世忧民，这就绝非是杞人之忧了。人们注意到，这些年来，梁晓声始终能够站在大众的立场上，时时处处以自己独特的忧患意识为百姓呐喊、为社会分忧，一门儿心思地反映"大我"，描述"大我"，因此才写出了为世人所瞩目的《年轮》《浮城》《九五随想录》等作品，而不像那股俗世浊流一样，只热衷于表现自我的呻吟，追逐一己的得失，并以暴露自我的病态为荣。一个有社会良知的人，无论如何是不会向这种世俗浊流低头、向卑劣与自私妥协的。

3.以率真维护心性，不随俗态俯仰

一般而言，屈从于世俗大流的人，往往放弃了自身的独立人格，随人俯仰、仰人鼻息，过的是一种心性被扭曲的日子。而置身于这种小市民的俗态氛围之中，一个人欲保持自身的心性自由和独立，那就极需要一种自持自处的精神，一种我行我素的人生态度。作家李国文就是这样的，他公开说："我从来不相信一个人说我作品好就好、一个人说我作品坏就坏。写文章本来不易，还要抬头看这看那的脸色，实在太累。"于是，他坚持自己的率真的待人态度和写作方向；更不像那些随风摇摆、为迎合俗世而无原则地捧场的人。唯其如此，他才活得坦率真诚，活得洒脱无羁，活得不藏不掖，因而使自己进入到一个做人的崭新天地——"随心所欲不逾矩"的自由境界。

4.以自洁隔离尘嚣，不为金钱所累

人的七情六欲中，金钱可谓是一个永恒的诱惑，也是凡尘所须臾不可离之的宝贝。尽管人人都需要它、离不开它，然而，若为着追随拜金的尘嚣而放弃自己的人格与品性者，那就离做金钱的奴仆只在咫尺之遥了；也就使自身人格显得卑琐了些、媚俗过分了些。反过来，一个有丰富情感和高尚人格追求的人，面对着金钱的诱惑，他就能做到洁身自好，不为物累。钱钟书先生说过一句话："我都姓了一辈子'钱'了，还会迷信这东西吗？"果然，他以洁身自好的方式不断隔离着自己与这尤物这媚态的距离，不断地跨越金钱和物质带来的困扰，活得十分超脱自然。普林斯顿大学邀请钱先生讲学，开价半年就是16万美金，食宿交通费还在外，而且是两周才授一次40分钟的课。可他却一口回绝了这令人咋舌的诱惑，回答该校说：

"你们研究生的论文我都看过，就这种水平，我给他们讲课，他们听得懂吗？"英国某老牌出版社，得知钱氏有一部写满批语的《英文大辞典》之后，欲以重金收购，同样被先生一口回绝了。好莱坞制片商与他签署了《围城》版权协约后，多次邀他赴美旅游观光，也被先生一口回绝了。这种洁身自好，"不假思索"地自动同金钱"疏离"的做人态度，在钱先生看来自然得很，合情合理得很。因为，由此他就可以保持自己身心的纯净，潜心于学问海洋之中，而不为世俗羁绊。这，不正有着古代哲学家庄子那种神游八荒、笑傲燕雀的鹏鸟风采了吗？

5. 以高雅陶冶心性，不为粗鄙所扰

在如今人们的文化生活中，高雅文化逐渐式微，而一些粗俗、拙劣的文化产品则纷纷粉墨登场，大行其道，在不断降低人们的鉴赏口味的同时，也不断吞噬着人们的原本澄明的心性。本来，文化呈多元趋势是件好事，但是，只要是文化，就难免有雅俗之分、有高下之别。尤其是一些打着通俗旗号的文化产品，那种不入流的书籍、光盘、音带，那些迎合某些庸俗口味的小品、歌曲和影视作品，正在一股劲儿地迎合着人们人性中庸俗粗鄙的一面，正在无休止地败坏着我们的胃口，那就实在是值得人们警惕了。别以为只要沾了"通俗文化""大众文化"的边儿，就一俊遮百丑，就什么都好，就对它百般迎合趋附，这样下去，最终只能使我们的文化产品在媚俗

中走向尴尬与衰微的境地。比如那个曾写出过受世人瞩目的《新星》的作家吧，正在可以为人们创造出更多美好的精神食粮的时候，却为气功热特异功能热所吸引所俘虏，竟然不惜花费极大精力，写出洋洋洒洒数十万言的"巨著"，为江湖骗子胡万林作鼓吹和辩护，真可谓媚俗至极，已达到走火入魔的地步。当然，随着胡万林的骗术被揭破以及胡氏本人的被逮捕，看来，那位作家为神话的鼓吹之笔和呐喊之音也可以归于沉寂了。但由此我们能不受到如此的启示与教训吗；对于反科学的、粗鄙低俗的所谓"文化"，一定不要被它的面具和伪装所蒙蔽所困扰；虽然作为一个个体，我们每个人都可谓微不足道，但是，毕竟我们心灵与心性之中，还应当有为良知为人性中向善一面呼吁的义务，还在渴望着高雅文化的陶冶，还在企盼着锻铸人生的辉煌——仅仅为了这个，我们也应当不遗余力地靠拢高洁与高雅。

6.以无羁蔑视世俗，不为虚伪所困

世俗生活不乏某种平庸、惰性和虚伪相互混杂的一面，为着人的天性的回归，也为着人的个性的张扬，不少有特立独行之志的人，便常以蔑视那种虚假平庸为己任，于是走向另一极，以出平常人常理的率真坦诚、佯狂傲世、惊世骇俗、高目标置而自诩。应该说，这种对尘嚣浊世的反叛，尽管可能有过火之处，可毕竟是对媚俗的虚伪风气的一种抗争啊。甚至可以说，唯有保持了心灵自由的人，方才能在平庸、惰性与虚伪的嘴脸前，树起高扬自我意识和个体自豪感的旗帜，方才能在"走自己的路，让别人去说吧"的啸歌声中走向出类拔萃和不同凡响的境界。比如魏晋名士刘伶，在醉酒时，他赤身裸体在自家房中吟啸，甚至称"天是我房，房是我的衣裤"。其惊世骇俗之狂傲，真可谓溢于言表。又如元末画家王冕，当著作郎李孝光欲推荐其任府中职务时，反被这磊落之士臭骂了一通。又如名士怪杰金圣叹吧，他蔑视孔夫子的"色恶不食、臭恶不食"等吃饭的"教条"，居然专挑登坛讲经之前去大嚼一番狗肉，凡此种种不拘礼法、不媚世俗的放浪形骸，正显示出一种向虚伪宣战、向平庸叫板的豪气，当然也是掩盖自身内心的大悲恸大哀痛的一种掩饰性和自卫性的"佯狂"。笔者无意提倡如此出格的狂傲，但是，不论这些个痴、癫、迂、狂是真是假，是实是虚，他们那对于虚伪与平庸的俗态的反叛和抗争，也确实令人称道让人佩服。如果纵观一遍古今中外的这种狂士，对公众生活中的虚伪与平庸抨击得最甚的，莫过于法国人文主义思想家蒙田了。他尖锐地指出：为公众服务的口号中可能恰恰隐藏着野心，一个人出于自傲方才装得谦虚，——这，正是社会上的虚伪风气与教会的骗术给带来的。应当指出，蒙田尽管也佯狂也独处，但在内心依然用一把人格的尺子比量、剪裁和修订着自己，并以此权衡自身言行的合理性，关注芸芸众生的痛痒苦乐。

如李国文先生所言，他们最大的本事，就在于最会嫉妒强者也最会奚落弱者，之后并以此自慰。此外，他们有吞象之欲望却无捉鼠之能耐；他们在权势、金钱面前神经特别发达，可以卑劣庸俗无耻却又麻木不仁甚至同流合污沆瀣一气……不正是这些俗气庸态，使得"一个崇高完美的理想会变得愈来愈粗俗、愈来愈物化"（《日瓦戈医生》）了吗？因此，我们必须超脱出媚俗的窠臼、挣脱开世俗的羁绊，方才有可能在人格上精神上自由起来、坚强起来。要做到这点，除了上述的可鉴之道以外，还需要尽可能做到像余秋雨先生所呐喊的那样，"在心理上强悍起来，不再害怕我们害怕过的一切：不再害怕众口铄金，不再害怕招腥惹臭，不再害怕群蝇成阵……以更明确、更响亮的方式立身处世，在人格和人品上昭示高下与贵贱的界限"。——能以一己言行作为崇高与卑俗的鲜明标识，作为一个"人"，已经算走上人格的高标了，我们还有什么可怨可悔的呢？

（瞿泽仁）

做人，从"不损人"起步

　　上中学时，老师给我们讲了这样一个故事：作家张老总爱在白天休息，晚上写作。他有一个习惯，在写作构思时总是来回踱步。由于他的腿脚不太利落，踱步时总要发出"嚓——嚓——"的声响。一天，楼下新搬来的老太太找上门来，对他说："你不睡觉也不让别人睡觉啊，我本来就神经衰弱，听着楼板上'嚓嚓'的响声我更睡不着了。"张老连忙道歉，说以后保证不"嚓嚓"了。后来老太太还真听不见楼上有声音了。过了一个星期后，老太太既看不见张老出去又听不到声响，就不放心起来，心想，说不定出了什么事吧，于是就叫开了张老的门。这时她看见，张老十几平方米的地板上铺满了被子和褥子。老太太非常惊讶，问他是怎么回事。张老笑笑说："我是怕发出声音影响你休息，就想了这个法儿。"老太太听了感动得差点掉下眼泪。记得老师讲完这个故事后对我们说：做人，只要为他人着想，不做损害他人利益的事，也能成为一个品德高尚的人。

　　后来，老师的观点受到了批判，说他定的调子太低，不符合毛主席教导的"毫不利己，专门利人"的要求。几十年过去了，然而社会道德的现状告诉我们，真正能做到"毫不利己，专门利人"的人甚少。用这样的道德标准要求人也未免太苛刻。前不久，我看了一篇题为《既要利己，也不损人》的文章，上面说："鉴于目前社会道德精英偏少，道德水平不容乐观的状况，我们在宣扬'毫不利己，专门利人'的同时，似应有一个针对现实的道德标准，比如：'既要利己，也不损人'。"开始我还觉得以此作为道德"起点"太低，可结合实际仔细一咂摸，又觉得有些道理。

在社会生活中，人的道德层次大致可划分为以下几种：一是专门利己，并且损人者；二是利己又不损人者；三是利己利人者（包括主观为自己，客观利他人；利己为主，利人为辅者）；四是主要利人，很少利己者；五是毫不利己，专门利人者。以上五个层次中，后四种类型的人都是以"不损人"为基本点的，因此，我认为做人，如都能从"不损人"起步，然后一步一个台阶地步步登高，这样全社会的道德素质水平也就会有很大改善，文明建设的步子也就会相应加快。具体分析起来可有以下几种情况。

起步的第一个"台阶"应是：利己，又不损人。

人们往往仇恨的是那些"损人利己"的人，而对自己得利却不损害他人利益者却能够容忍，甚至给予同情。

我们家属区新从外地请了两个农民做物业管理工作，过了不久，大家发现他们在清理垃圾时常常把人们扔掉的纸箱、酒瓶等废品拣出来放在蛇皮袋里，等攒多了卖到废品收购站，他们每个星期都能得到一小笔额外收入。对于他们的举动，人人都看得见，但没有人指责他们，因为他们"利己"了但"没有损人"。（他们为人老实，从不拿垃圾堆以外的东西。有人把废品送给他们，他们也不白要，或是卖了后还把钱如数交给人家，或是为人家干些力所能及的事。因此，他们在家属区里很有人缘。）由此看来，我们做人，就应该从"不损害他人利益"起步。这起点虽不算高，但只要人人都能按此标准行事，我们的社会状况就会有很大改观。

比如普通老百姓吧，你可以玩牌、唱歌，但不能在别人休息之后还不停止，搅得四邻不安。而商人，你可以漫天要价，大把赚钱，以获己利，但你不能赚坑人、害人的钱，不能把假药卖给病人误人性命，不能把假种子卖给农民害人颗粒无收，不能把不安全的电器推销给顾客……试想，当我们每个人都达到了"不损人"这个文明档次之时，恐怕就可以"夜不闭户，路不拾遗"了，不会再担心有人会欺诈钱财，撞人者也不会再逃逸。这样，人们就会在温馨、和谐、平静、美好的环境下放心地自由地生活了。

道德标准的第二个台阶是：利己，又利人。

"不损人"只是道德标准的第一步，要做一个受人尊敬的大写的"人"，在道德标准上还要追求高层次。因此我们要迈的第二个台阶应是"利己又利人"（哪怕是以利己为主，以利人为辅）。

在我们街道上有一家新海饭店，它开张后生意一直非常红火，究其原因，阶了饭菜"物美价廉"外，还有一个重要原因，那就是它的对门是一个副食批发部，到该饭店办酒席的人可以从对门批发到比饭店里便宜的烟酒等物品。开始，一些员工们见顾客不买自己饭店里的烟酒很生气，向经理建议不让顾客自带烟酒。可饭店经理不这么看，他说：做生意讲究互惠互利，不能总想堵别人的财路来发展自己，这样做的结果只能是两败俱伤。他不但没反对顾客这样做，相反还在大门口贴上了"可自带烟酒，对门批发零售"的告示。而批发部老板为此也很感动，于是就把饭店顾客买的东西热情地送到饭桌上。结果是两家的生意都借对方的光兴旺起来。人们都说，这个饭店老板是个明白"店家"。因为从顾客的心理讲，想到饭店吃饭又想省点钱的要占大多数，顾客见"便宜"就上，前来光顾的人多了，效益也就随之上去了。饭店经理这样做真是一举两得，既有利于自己，也有利于他人。

实际上，人与人的利益关系往往是你中有我、我中有你互相依存的。俗话说得好，与人方便，自己方便，助人为乐，大家欢乐，只要按着这个道理为人处事，就会创造出文明的社会环境，我们的天就是一个"明朗的天"。

道德标准的第三个台阶：不利己，利人。

在生活实践中，并不是做任何事都能既"利人"又"利己"的，因为生活是复杂的，有时逼着你要在"利己不利人"和"利人不利己"中做出选择。而此时恰恰是考验一个人道德水准高下的时候，如果能做到舍己为人（当然不是"毫不"与"专门"），就会赢得人们的尊敬。

最近,《今晚报》刊登了一篇题为《打工妹拾金不昧被解雇》的报道。打工妹钟爱红好不容易才成为甘肃某家具商场的一名招聘工。她十分珍惜这个来之不易的机会,工作十分卖命。没想到突然发生了这样一件事:一天下午,她在商场拾了一沓钱,当失主来找钱时,知情的老板一口咬定"没见",小钟要把钱还给失主,这时老板却给她递眼色进行制止。失主疑惑地离去后,老板就找小钟要钱并商量如何分,而小钟坚持要把钱还给失主,争执不下时她打了110。结果当然是把钱交给了失主。失主拿着失而复得的钱感激不已,但小钟却为此失去了工作,弄得个工、钱两空。朋友们笑她太傻,可她却笑笑说:这样做我心里坦然,因为我没做损人的亏心事。这是一个普通打工妹的真实故事,但却让我们看到了一个人道德的境界。

在现实生活中就有不少默默无闻地以"利人"为目标做事的人。可贵的是,他们不是一时一事做到利人不利己,而是一生都更多的为他人着想,很少为自己打算。一个记者采访了这样一位扎根边疆的夏德全同志,他在60年代中专毕业后,响应党的号召从广东来到了云南某贫困山区,几十年来,他致力于彝族兄弟的主食土豆的改良研究,使全县土豆产量比原来翻了几番。他为了改变那里的贫穷落后的面貌,几次放弃了回到他的家乡珠江三角洲的机会。如今他已做了爷爷,他的儿子、孙子也都留在了这块依然还不富裕的土地上。人们夸他是"献了青春献子孙"。采访时记者问他:"你以后会离开这儿吗？"他回答说："不，我不离开。因为这里还很穷。"穷，竟是他不离开的原因，这怎么能不让人对他高尚的道德情操深深叹服？像他这样很少利己、一心为人的人在我们身边还有不少。

前不久，"开心100"节目中报道的福安市宁德地区的50多岁的蔡坚基老师就是其中的一个。她为了给山里贫困孩子建一所小学的心愿，东奔西走四处筹款，还把自己家里攒的2万多元钱和儿子打工挣的娶媳妇的钱用来买砖，钱不够时，又把自家的房卖了。她用十几年的工夫终于建成了三层楼的小学，使100多名孤儿和贫困生上了学，为此她至今还有17万余元的欠款。像这样的人活着就是为了他人活得更好。这个层次上的人数虽不如以上两个阶梯上的人多，但他们却活得光彩照人，成了人们学习的榜样。

道德标准的最高阶梯：毫不利己，专门利人。

在我们的世界上还有一种"毫不利己，专门利人"的人，他们毫无自私自利之心，而把自己的热血和生命都贡献给了事业和他人。比如：张思德、白求恩、雷锋、孔繁森等就是这样的社会道德精英。他们是："高尚的人，纯粹的人，有道德的人，脱离了低级趣味的人，有益于人民的人。"在这一阶梯上的人很少，但高大，往往须仰视才见。正如马克思所说："那些为最大多数人谋幸福，为人类共同目标而使自己变得更加高尚的人，历史承认他们是伟人。"

我们当今要立足现实，提出一个较切合实际又人人容易做到的"不损人"的道德标准为"起步价"。中国有句古话，叫"千里之行，始于足下"。针对目前社会道德水平不容乐观的状况，如果我们人人都从"不损人"起步，不能做一个毫不利己、专门利人的人，就做一个很少利己、主要利人的人；不能做舍己利人的人，就做利己又利人的人；实在做不到利人，也要做一名"不损人"的人（绝不能再往下滑，只要损害他人，那就失去了做人起码的道德，也就枉为人）。并由此不断地"往高处走"，登上道德的新台阶，我想我们的社会也可算得是清平世界、朗朗乾坤了，咱老百姓就会活得更舒心、更开心。

（孙玉茹）

两个不同的人

国学大师黎锦熙在湖南办报纸。他聘请来两位抄写员，帮他誊写文稿。

第一个人沉默寡言，只是老老实实抄文稿，错别字照抄不误。后来，这个人一直默默无闻。

第二个抄写员则非常认真，对每份文稿都逐字逐句检查后才抄写，遇到错字、别字都给予改正过来。后来，这个抄写员写了《义勇军进行曲》歌词，经聂耳谱曲后成为中华人民共和国国歌，他叫田汉。

（张振旭）

原　　则

　　年岁渐长，心智成熟。询问一些朋友的原则，有些极为可爱，比如绝不委屈自己、不让父母伤心、不穿背后印字的衣服、清楚自己的底线、不和已婚的人谈恋爱……诸如此类。善的东西，都是相近的，所以非常雷同。但恶，也岂不如此。包括恶的目的和方式。逐年给自己增加一两条原则，无非都是经验所得。见过的人、经历过的事，都会带来切身体会。类似于善良。无论何时何地，只要与人相处，便要懂得替对方设身处地，为他着想。以他人为重。曾经遇见一些非常善良的女性，总是把好的东西让给别人，自己承受更大负担。她们身上那种善良的热量，对人影响巨大。

　　沉着应对。低调处世。

　　做任何事情，让自己不至于惭愧。这种不惭愧，是不亏待别人、不辱没自己。有戒持和控制。保持真实，不说假话。但这条对没有原则的人，是完全无效的。因为他们没有自知。

　　是的，我觉得做一个善良、沉着、真实的人，已经是很富有了。

（安妮宝贝）

羡慕嫉妒恨

偶尔听到后辈说"羡慕嫉妒恨"，煞是新奇。

低者羡慕高者，多为财富，尤其这些年不乏一夜暴富者。公众看得见的是丰收，看不见的是耕耘；加之信息的革命，拢财的手段改变，让财富的积累摆脱了公众熟悉的模式，变得扑朔迷离。于是，羡慕很容易转化成嫉妒，尤其是身边人发财，妒火中烧，醋意大发，有时候堪比失宠的怨妇。怨天尤人久了，心胸就变得狭隘，窄如针鼻儿，难以容物；棘刺满胸时，只有生恨才能缓解。

羡慕嫉妒恨，很清晰的一幅心路历程图。今天不仅在生意场上，在学术场、职场、官场上，由于竞争惨烈，让不习惯竞争的中国人切身感受到了竞争的残酷，让松懈了多年的中国人紧张了起来，不知所措者，一定会"羡慕嫉妒恨"。

羡慕嫉妒恨，羡慕是欲，欲如水，不遏止则滔天；恨是忿，忿如火，不遏止会燎原；而嫉妒是醋，酸不溜溜的，少饮开胃，多饮反酸。与其羡慕嫉妒恨，不如上策安于现状，下策奋起直追。为什么这么说呢？因为古人早有总结，事物的两个方面互为补充："清浊、小大、短长、疾徐、哀乐、刚柔、迟速、高下、出入、周疏，以相济也"，并不相克。

（马未都）

浅处爱，深处活

　　没事喜欢看我QQ上众人的签名，有一段时间，仿佛很流行："爱，请深爱。"我邪恶地想：莫非是某润滑剂广告？点进她们的空间，凝固的照片上是流动的眼波，那都是杯中水月，滴溜溜地掬不住泼不出。我忍不住想说，却不知从何说起：也许高处立、宽处行、浅处爱、深处活，才能让人游刃有余。

　　我"时刻准备着"那么久，看见一缕光就迫不及待抱住不放，烈焰焚身那么痛，我却心甘情愿。那其实不是爱情的星星之火，只是幽幽飘来的一线磷火，在我怀里渐渐熄灭，只在我的锦缎生命里留下一个烧焦的洞。

　　某一个晚上，我心仪的男子敷衍地说："我有时间给你电话。"而我的良师益友兴冲冲说："来吧，好多人都想见你，对你更上一个台阶大有好处。"我左右为难，说了什么样的谎才委婉推掉后者。唉，我很可能是放弃了我的半生，来等一个从不曾打来的电话。"我给过你什么承诺吗？"没有，是我自欺欺人而已，男子从不知道他对我的负面影响。

某一次考试，我考得一塌糊涂，差得我都不好意思告诉人。而我更加羞于提起的是：那是因为前一天晚上，我与人吵架了。吵架的由头是什么，我已经不记得。吵架的后果呢？不重要。结局早已写好，口角或者恩爱都不能改变。只是，我怎么糊涂成这样，一念之差，贻误重中之重。没人对这次失利负责，只有我自己。男子对我，只有满满的问心无愧。

那些伤害，我绝口不提，却念念不忘。而再回头，伤口可以在时间里痊愈，但我错失的幸福转角，已经被我远远地抛在脑后，不会重新出现。

或者爱情的本质就是如此：多年前的胡兰成与张爱玲，是"男废耕女废织"；更多年前的唐玄宗与杨贵妃，是"从此君王不早朝"。爱情是多么跋扈的一件事，要人全力以赴，而人，真的没有能力，同时供奉爱神与财神。

如果让我重回青春，但愿我曾是一个有定力的女子，不等待某个男子若有若无的脚步声，而专注背英语单词——我在记忆力最好的年纪，没有下苦功，就意味着我在中年之后，要花十倍的时间与精力。当我重新行进在山山水水，我应当为祖国的大好山河而感叹，因为这一生，我可能只来此一遭，而不是不断地看手机，心神不宁，一回宾馆就打电话、吵架、哭。甚至在玉龙雪山的巅峰，不断徘徊，有纵身一跃的冲动。

李敖的歌这样唱："人家的爱情深，我的爱情浅；人家的爱情似海深，我只爱一点点。"一点点的爱，足以让生命绚烂。生命，还有许多其他的滋味，值得细细品尝。

（叶倾城）

我不是英雄　我只是善良

　　2009年农历大年初二7点多钟，回家过年的她，和往常一样走出家门到菜市场买菜。当她走过土地庙附近时，听到断断续续的婴儿啼哭声。她顺着声音寻去，发现地上有一个小纸箱，里面是一个女婴，脐带还没有剪掉，一边哭一边蹬腿，把裹着的脏兮兮的衣服都蹬开了。

　　她顾不上买菜，立即把女婴连同纸箱一起抱回了家。善良的父母想到女儿当时才17岁，刚参加工作，还要谈恋爱，养育一个孩子不知要付出多大的精力和代价，还不说来自四面八方的闲言碎语，因此，坚决反对她收养这个女婴。她却坚持收养，发誓无论再苦再累也不放弃，并给她取名"子建"，希望她能像男子汉一样坚强、有所建树。

　　为了养育这个弃婴，她一个月八百多元的工资，除了留足给父母买药钱和必要的生活费外，其余全花在子建身上，还常常入不敷出。看到孩子一天天长大，她忘记了人们的流言蜚语，觉得自己是最幸福的人。

小学毕业时，她曾被选送到昭通体校参加游泳训练，还获得过两块金牌。2010年5月6日，她和父亲一起到四川绵阳旅游。下午6点左右，当他们走到绵阳市南山大桥附近时，突然刮起一阵狂风，架设在大桥上的施工钢架被吹倒，五名作业人员有一名人员落水，很快被卷到河水中央，只见她深吸一口气，飞身跳入冰凉的河面，潜下水去、一次、两次、三次，终于找到了落水男子，她拼尽全力提、拽、推、拉，把落水的男子托上脚手架。但男子早已昏迷，她顾不上少女的羞涩，给他做起了人工呼吸。五分钟后，男子恢复了呼吸和心跳，终于脱离了危险，她松了一口气，悄悄离开了。

　　她勇救落水民工的事迹得到各级领导的关注和好评，上级有关部门奖励她9000元钱。虽然她的父母长年有病需要一笔不小的开支，她抚养女孩也需要很大的花销，但是从贫困家庭中成长起来的她知道，贫困山区的孩子们有的连几毛钱的作业本都买不起，他们更需要钱。因此，领到这笔奖金后，她给父母和子建各留下了1500元。剩余的6000元，捐给所在的青岗岭中学2000元，捐给母校青岗岭乡大营村小学4000元，用于资助30名品学兼优的贫困生。

　　她就是铁飞燕。

　　2011年1月13日，铁飞燕被新华社评选为"中国网事感动2010年度人物"，成为网民心目中的英雄，被称为集少女的"柔"和侠客的"义"于一身的"最美90后女孩"。

　　铁飞燕常说："其实，我不是英雄，我只是个普通的农村女孩，没有他们说的那么伟大，只是做了一些对得起良心的事，让天下的可怜人和无家可归的人少点儿。"她还说："请学会通过使别人幸福快乐来获取自己的幸福。"

什么是最美？这就是最美！

（朱吉红）

感谢离我最近的那个人

福雷斯特·谢利有一双我从没见过的大手。当时我12岁,我是作为他的领养儿童,刚刚被送到他这儿来的。

福雷斯特朝我走来,扔给我一副鹿皮手套,说道:"你会用得着的。"这副手套我戴着非常合适。它还散发着新皮革的气味,摸着就像小马驹鼻子上的皮肤一样柔软。这件礼物让我受宠若惊。在我的童年时代,从没有过任何的经历,使我能轻易接受这种小小的友善。

在我11岁时,我母亲不幸去世。此后父亲酗酒,靠毒打我发泄他的满腹苦恼。我整天在恐惧中度日,不知道下一个夜晚还能否活下来。我父亲是个性情残暴的人,他崇拜一个叫蒙蒂·蒙塔纳的牧民,那人擅长用绳索套牲口,技术十分高超。他每天都让我们练习用绳索套牲口,一练就是几个小时,否则就要挨鞭子。最后,当局对我们实行领养关怀,便把我送到了蒙大拿州博兹附近的谢利牧场。

从那第一天起,福雷斯特就开始让我干活。他指指一辆旧卡车,叫我上车,我们开车到牧场的一个偏远角落去修理围栏。我为那副手套而十分得意,唯恐被铁丝上的倒刺给剐破,但我干活还是很卖力的，牧场里充满鼠尾草、白羽扁豆的气味，偶尔还有福雷斯特抽的雪茄烟味，作为一段新奇的惬意时光，那天下午在牧场的情景，一直铭刻在我的心里。

福雷斯特从来不怎么谈论我来自哪儿，有过怎样的经历，我很高兴他不问我这些事情。他只是给我安排一些活干，比如伺候小牛降生、储藏干草、冬天喂牲口，但是随着年龄增长，我也会抵不住诱惑而惹些麻烦。福雷斯特似乎总能意识得到。他常常打发我去奶牛牧场，叫我去挖牛蒡，那是一种奇异的植物，能长很高，结出的刺果有极强的黏着力。

如果让刺果粘在头发上，就得剃头才能摆脱掉。起初几年，我并没真正明白我的淘气行为与铲草之间的关系。随着年龄增长，我的表现逐渐有所长进。然后我可以自己挣钱，骑小马，也更有责任心了。

然而，大约在我上高中的时候，我发现自己又进了奶牛牧场。这一次受惩罚，大概是因为我在外面待得太晚了。铲完牛蒡后，我走进屋里说："福雷斯特，我在这个牧场总是铲草，已有五年了，可它们还和原先一样令人讨厌。我已经铲了最后一次草。如果你去买个灭草喷雾器，我愿意为牧场的每一棵草喷洒除草剂，但是像这样铲草，是我听说过的最愚蠢的事了。"

他始终没说一句话，只是哈哈大笑起来。

几个月后，我自行搬出来居住。没过两个星期，福雷斯特果真买了一个灭草喷雾器，只走了一遍，就杀灭了奶牛牧场的所有牛蒡草，它们再也没有卷土重来。

我继续以牧马为生。在我的牧马生涯中，我发现了小马有着和我一样的秉性、我从来没有忘记福雷斯特对我的教诲——无论马还是人，凡是一个受过伤的生灵，都需要同情、需要调教、需要有个工作。福雷斯特还教了我如何最有效地实现这一切的秘诀。一匹有麻烦的小马，总是羞于与人接触。但是当它在我的驯马栏里跑动时，我要和它协调行动——仿佛我是和它在远距离跳舞。

这慢慢形成了我们之间的一种联动关系。随着马的逐渐适应，我便开始通过疏远来引诱它。这是一种奇怪的、但又总会出现的时刻——我越是远离它，它越是要走近我。这种现象被称为"依附情结"，是一种令人惊异的感觉。仿佛你在用一条无形的线牵着马，而这条线是永远不会断的。

（梁庆春）

一生不敢再说谎

　　我十岁的时候，喜欢到家乡的"鬼哭岭"玩。山的得名，是因为天上的雨水如果下得猛了，山谷里面就会有汹涌澎湃的泥石流。

　　虽然是一处穷乡僻壤，可是经常有县城里的孩子来这玩。那个绿裤子花衬衫，穿着比我要好的城里小妮子，怀里头死死抱着一大把山丹花，兴致勃勃地在往山上走。

　　我没有搭理她。想不到小姑娘竟然这么不开眼，还凑上来叫了我一声"小阿哥"。今天的运气，可能全都让这个平常住在城里头的小妮子给搅坏了。也不知道她们那一家子有钱人干吗要带着她上我们这穷乡僻壤来。我折腾了老半天，连一只山雀儿都没笼住。但一天的黑云彩，忽然一下子就上来了！"鬼哭岭带黑帽，山神爷准要闹。"这种天气，那可是说下雨就下雨的。而且，这场暴雨，只要是从天上一掉下来，那吓死人的泥石流，马上就会轰轰烈烈地滚下来！

　　离那峡谷的口子外，我就是一溜儿小跑，也有半个来钟头的路呢。跑了没有几步，突然之间自己的眼前一亮——在黑暗的峡谷里，我竟然看到了一个十分好看的小金锁。真稀罕。我当时的心情，远远要比一下子笼住了十只肥山雀儿还要高兴。当我快乐地弯下腰去，小心地拾起那只美丽的小金锁时，头顶上，老天爷打了一个沉闷的响雷。身后那越来越黑的乌云紧紧地追赶着我。我拼了小命飞快地往山下跑。当我跑到那条浑浊的小河时，又一次见到了那个女孩。

她正向峡谷里边跑。那一捧她一定认为很美丽的山丹花，依然被她紧紧地搂在怀里。可是刚才她脸上那欢乐的笑容，此时却荡然无存了，取而代之的是焦急的神色。她仰起小脸来问我："小阿哥！你看到我的小金锁了吗？"

我喜欢那个金色的小锁。于是，便毫不犹豫地吐出了两个字："没有。"

那个口口声声叫我小阿哥的女孩，又朝着那正在酝酿泥石流的死亡之谷跑去。

我迟疑了一会儿，终于向着她的背影，高喊了一句："唉！你不要再去了，泥石流会把你冲走的！"大雨倾盆，我只好跑回了自己的家。

蜷曲在被子里，始终用手心紧紧攥着那个小金锁的我，于半夜里，被一场惊天动地的悲哭吵醒了。小小的山村里，灯笼火把，哀声动地。姥姥坐在门槛儿上，深深地叹了一口气，说老天作孽呀！一个山丹花似的小妮子，就这么没了。

我的心猛地打了一个哆嗦。我知道，老天没有作孽，那是我在作孽。

那个小锁，其实是铜的，值不了几个钱。我如今倒也走过不少地方。但是，人们都说，我是一个不会笑的人。其实，他们不知道，在我十岁以前，我笑得也是蛮好看的。只是，当我捡到了那只美丽的小金锁之后，那笑的胆量，便永永远远地被锁住了。

从十岁开始，我不敢再说谎。但是，悔之晚矣。从那时起，我的一生都陷在恐惧与哀伤中，一天一天，苦苦地煎熬着走过。我从来都不具备做梦的能力，那是因为我真的是不敢去做梦——我怕梦见那个手捧着山丹花的小女孩，我没有胆量去梦见那个泪花闪闪的小女孩。她在最后一次呼唤我小阿哥的时候，是怎样努力地在失望之中，尽量地向我奉献了那一丝哀婉而又友好的笑容。

（朱士奇）

快乐的乐价比

人在纽约，为了省钱，我和年轻的美国青年迈克尔合租了一套公寓。迈克尔刚刚大学毕业，按理说找工作是一件很头疼的事儿，可是他每天都是乐呵呵的，一点儿也不为钱发愁。

我有一件蓝色的圆领T恤衫，才穿了两次，我就不无遗憾地发现，胸前的部分溅上了几点油渍。油渍很顽固，洗都洗不掉。超市里卖去污笔，但因为我的英语实在蹩脚，连说带比画，好歹算是买回来了。

回到公寓，拿"去污笔"点掉了油渍。油渍虽然不见了，但点过的地方却变白了。迈克尔接过笔一看，不禁哈哈大笑，说，这是漂白笔，不是去污笔。我说，糟了，这怎么穿哪？迈克尔说，让我想想看。只见他手握漂白笔，在那件衣服上龙飞凤舞地开始了发挥。左写右写，把他会写的中文字都写上去了。他很满意自己的创意，说，我找到一份新工作——时装设计师。

第二天，穿上这件衣服出去，大家叫它"中国文化衫"，都夸它新颖别致，问我是哪家店的新品。晚上回家，我跟迈克尔一说，他笑道，这下你开心了，对不对？一件20块钱的衣服，却是这世上独一无二的设计，"乐价比"很高哇！我是平生第一次听到"乐价比"这个词，觉得很新奇。迈克尔说，这是一个心理学名词，意思是简单的东西带来的快乐其实很多、很划算。

从那以后，"乐价比"深入我心，化解了我所有的烦恼。思乡的愁绪、生存的压力，都不算什么了。比如有的东西在别人眼里也许性价比很高，但是它是不是能够给你带来真正的快乐，还真得思考一下。比如一杯白开水，平时我们还不爱喝呢，它哪有茶或饮料好喝呢？但对于沙漠中的旅人而言，这杯水足以救一条命，它的"乐价比"就非常高。

后来我发现，"乐价比"不仅仅指商品而言，更是一种生活态度。人在纽约，职场压力大，许多人的幸福指数越来越低。但我从迈克尔身上看到了另一种答案。迈克尔的乐观精神以及"乐价比"的观点告诉我，其实不是纽约人的幸福感在降低，而是因为他们追求幸福的标准越来越高，而且这个标准还在不断地刷新。把这个标准降低以后，你就会发现生活其实挺快乐的。

所谓"乐价比"，就是衡量一件商品能够为内心换来多少和多久的满足感和快乐。我感慨，在人们分秒必争去赚钱的今天，年轻的美国新一代迈克尔却在不经意间向我灌输了一种新的财富概念，让我在努力创造财富的同时，也充分享受到财富的价值。日常生活中，对于一件商品，人们很在意的是它的"性价比"，就是商品的品牌和性能与金钱之间的比率。心理学家研究发现，一件商品能够为我们的内心换来多少和多久的满足感和快乐，更是衡量商品价值的关键，这就是"乐价比"。有钱难买高兴，这就是"乐价比"的通俗解释。当大多数人在用钱计算生活的时候，"乐价比"倡导人们回归自己的心灵，尝试用快乐来衡量身边的每一件事物，让你在心理上物超所值。我相信，有一天，"乐价比"将会风行全球，成为新的衡量财富的方式。我对迈克尔说，你的"乐价比"很高哟！

（夏爱华）